择业考试指导丛书

快速建筑设计考试指导

郑军　杨晓景　王贺　编著

中国建筑工业出版社

图书在版编目（CIP）数据

快速建筑设计考试指导／郑军，杨晓景，王贺编著．
北京：中国建筑工业出版社，2009
（择业考试指导丛书）
ISBN 978-7-112-11223-4

I. 快… II. ①郑…②杨…③王… III. 建筑设计 IV.TU2

中国版本图书馆 CIP 数据核字（2009）第 151457 号

责任编辑：唐　旭
责任设计：赵明霞
责任校对：梁珊珊　刘　钰

择业考试指导丛书
快速建筑设计考试指导
郑军　杨晓景　王贺 编著
*
中国建筑工业出版社出版、发行（北京西郊百万庄）
各地新华书店、建筑书店经销
北京圣彩虹制版印刷技术有限公司制版
北京方嘉彩色印刷有限责任公司印刷
*
开本：880×1230毫米　1/16　印张：7　插页：2　字数：225千字
2009年11月第一版　2011年12月第二次印刷
定价：**45.00**元
ISBN 978-7-112-11223-4
（18507）
版权所有　翻印必究
如有印装质量问题，可寄本社退换
（邮政编码 100037）

前言

本书特为面临建筑设计单位招聘考试的同志编制，亦可供准备研究生入学考试的同志参考，以期在短时间内掌握建筑快速设计的应试方法。

很多同志对建筑快速设计考试有畏惧心理，其实建筑快速设计考试并不难，对于经过几年专业课程设计训练的学生，或者有一点设计实践经验的设计师来说，有针对性的练习，考前认真准备，抓住有效的得分点就是最有效的"应试"方法。

本书的重点包括建筑快速设计的考试准备、应试技巧以及入职面试的要点，力求系统而完整地剖析建筑快速设计的过程、步骤，以帮助读者在短时间内训练应试能力，抓住应试要点，掌握一些应试技巧。对广大从事建筑设计的人员，尤其是毕业学生在求职、择业、升学中，可以起到快速提高建筑设计考试成绩的作用。

本书的特点是精练、全面、实用，力求以最小的篇幅采集尽可能多的信息量，为希望在短时间内掌握较系统的建筑快速设计方法的同志提供帮助。本书汇集了许多建筑设计专业同仁的作品，谨向他们致以衷心的感谢。本书是建筑快速设计手法总结的一种尝试，笔者水平有限，其中不完善之处在所难免，希望广大读者提出宝贵意见。

目录

第一章　建筑快速设计概述

一、建筑快速设计的定义和特点

　　建筑快速设计是指在规定的较短时间内完成建筑设计方案、表现、说明的一种设计形式。其目的是考核考生建筑设计的综合能力,包括方案构思能力、分析和解决问题的能力、综合运用建筑设计理论与方法的能力、设计创新及设计表达能力。建筑快速设计通常要求在规定的6~12小时内完成一项中等复杂程度的建筑设计,一般规模不大,功能也较为常见,成果则要求有系统而完整的分析、构思,并通过手绘图纸形式表达出来。

　　建筑快速设计是检验建筑设计方案构思与成果表达水平的重要手段,它可以反映出设计者的专业综合素质,包括设计水平、表现技巧、思维广度,甚至应变能力和心理素质等。建筑快速设计往往也是高等院校审核考试、研究生入学考试、设计单位招聘考试以及执业资格注册等重大考试采用的主要形式,因此被业界同仁和广大师生高度重视。

　　同时,快速设计在建筑师的日常工作中也会起到重要作用,是建筑师需要掌握的一项重要技能。随着建筑市场竞争的日益激烈,具备这样的综合能力对建筑师来说尤为重要。因为

某售楼处与甲方讨论方案时的现场草图:

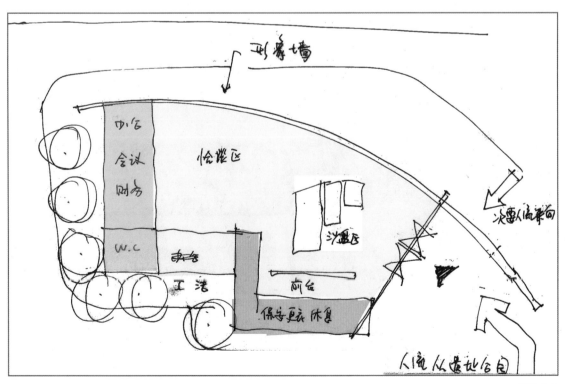

图1-1-1

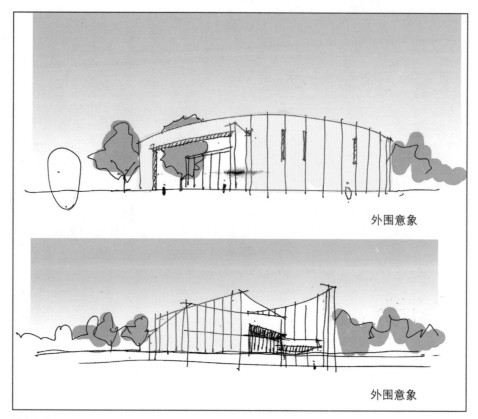

外围意象

外围意象

图1-1-2

某商贸城与甲方讨论方案时的现场草图（黄非绘制）：

图1-1-3

建筑师在日后工作中所面临的任务，再也没有类似学校中历时几个月的课程设计题目，在现实的工作环境中，特别是对于部分青年建筑师，大多数方案从接手到出图，一般也就10～20天。要在短暂的数天内完成基地调研、现状分析、方案构思以及图纸绘制工作，有些时候甚至与业主面对面地进行半个小时内的方案构思和快速手绘，就能起到决定性的作用，这的确

某厂房改造为创意产业园的首轮方案（李少琨绘制）：

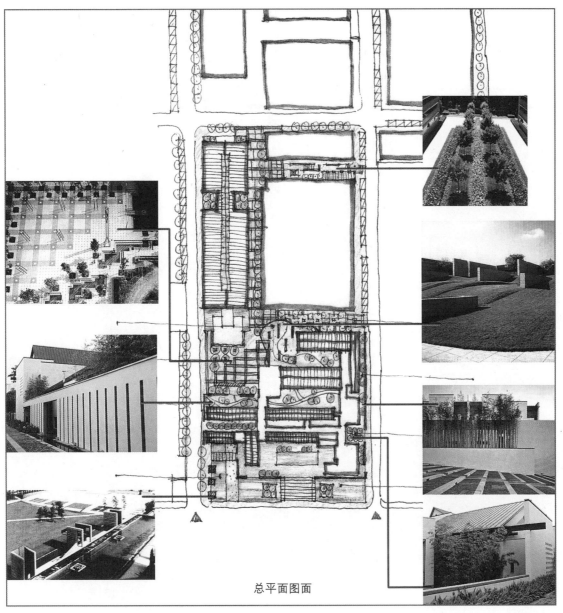

总平面图面

图1-1-4

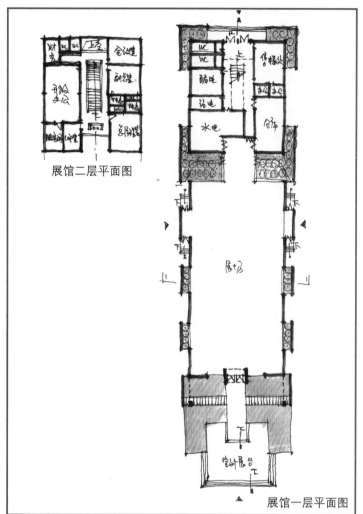

展馆二层平面图

展馆一层平面图 图1-1-5

展馆效果一

图1-1-6

展馆效果二

图1-1-7

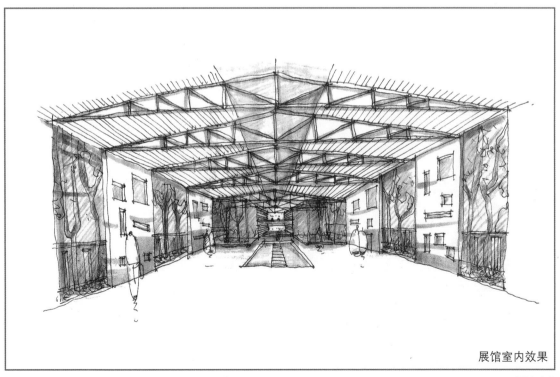

展馆室内效果

图1-1-8

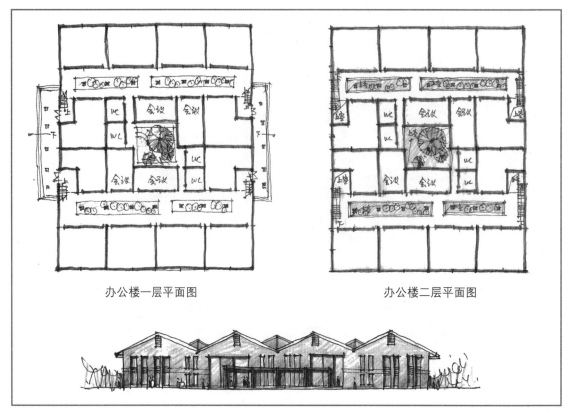

办公楼一层平面图　　　　　　　　办公楼二层平面图

图1-1-9

某住宅小区对比讨论方案草图：

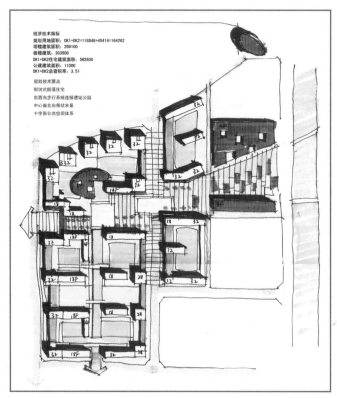

图1-1-10

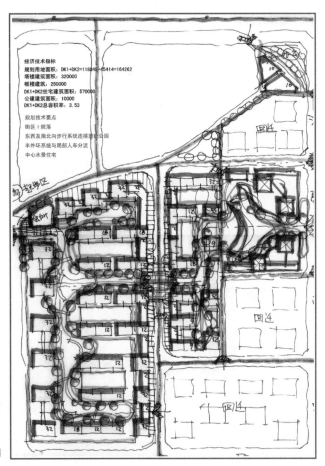

图1-1-11

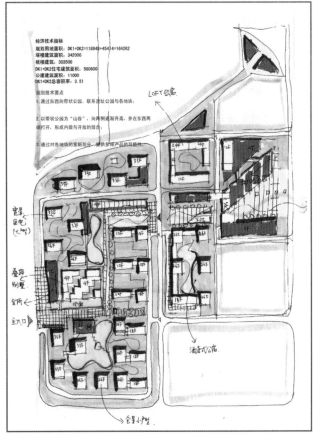

图1-1-12

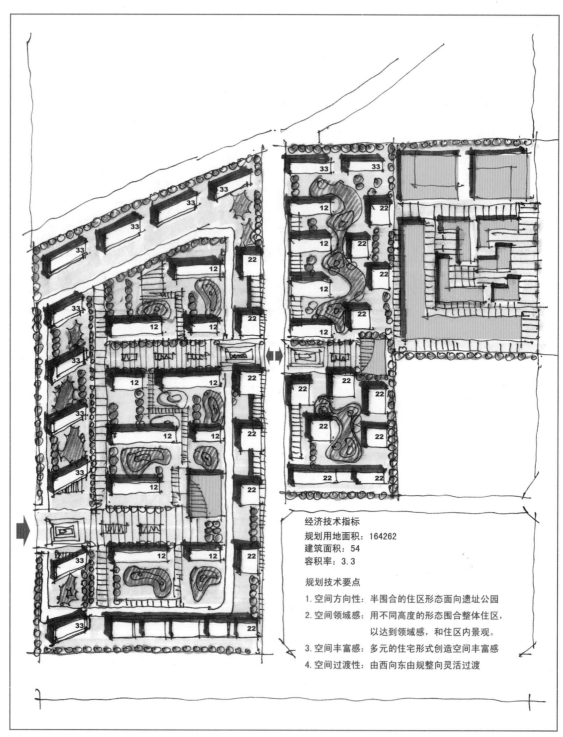

经济技术指标
规划用地面积：164262
建筑面积：54
容积率：3.3

规划技术要点
1. 空间方向性：半围合的住区形态面向遗址公园
2. 空间领域感：用不同高度的形态围合整体住区，
以达到领域感，和住区内景观。
3. 空间丰富感：多元的住宅形式创造空间丰富感
4. 空间过渡性：由西向东由规整向灵活过渡

图1-1-13（詹柏楠绘制）

某国际中学对比讨论方案草图

图1-1-14（许彦淳绘制）

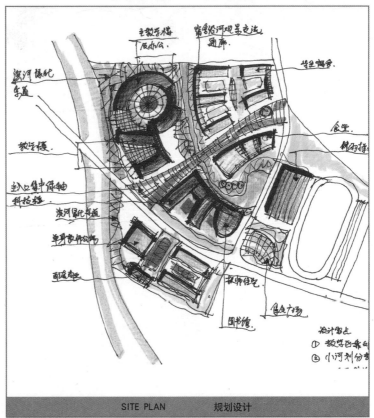

图1-1-15（李晓燕绘制）

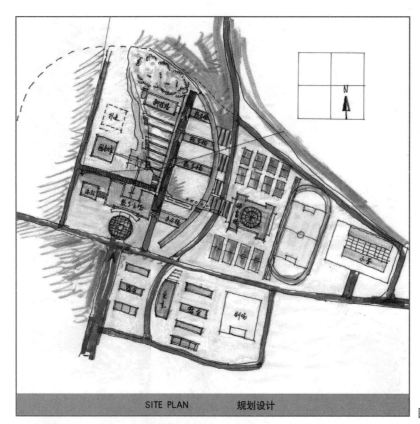

SITE PLAN 规划设计

图1-1-16（师亚新绘制）

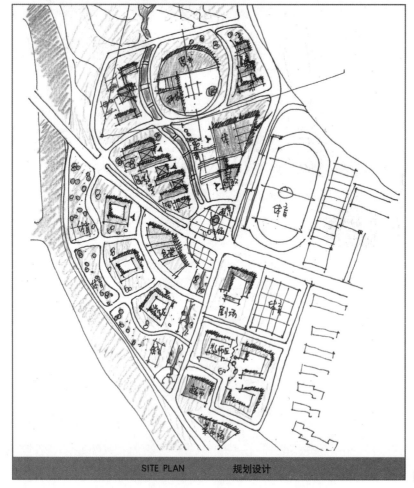

SITE PLAN 规划设计

图1-1-17（董晶涛绘制）

某住宅小区首轮汇报草图（聂铭绘制）

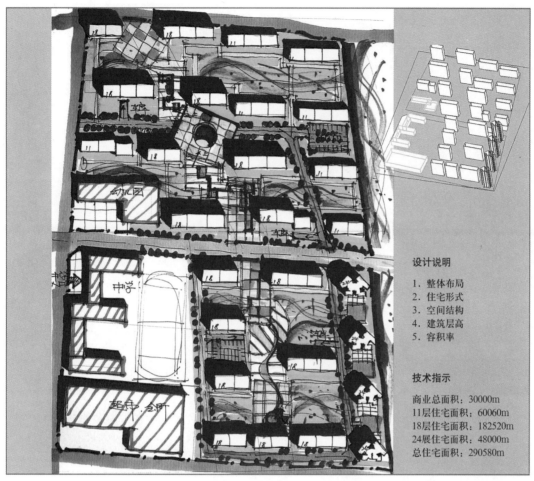

幼儿园
中学
超市·会所
设计说明
1. 整体布局
2. 住宅形式
3. 空间结构
4. 建筑层高
5. 容积率
技术指示
商业总面积：30000m
11层住宅面积：60060m
18层住宅面积：182520m
24展住宅面积：48000m
总住宅面积：290580m

图1-1-18

居住
幼儿园
中学

图1-1-19

11C = 60060 m²
18C = 168480 m²
24C = 48000 m²

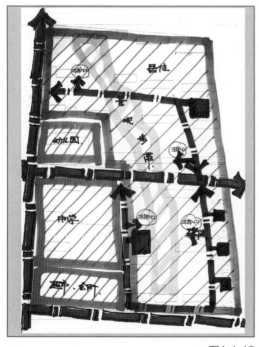

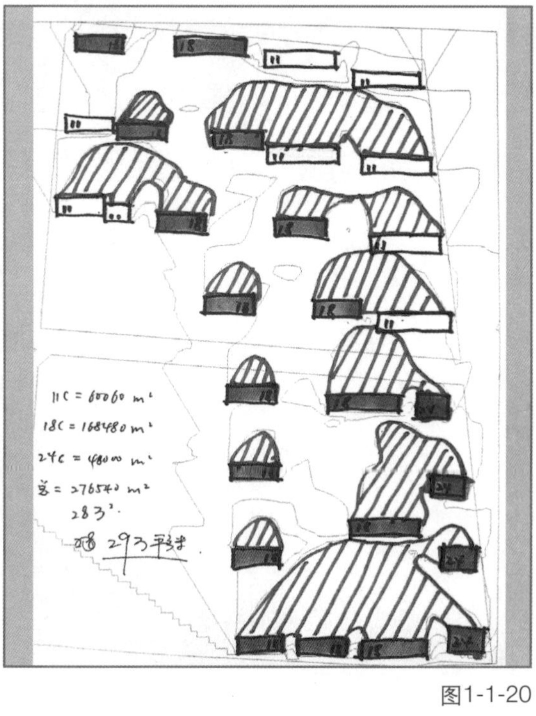

图1-1-20

某风景区开发规划首轮汇报方案（卢鹏绘制）：

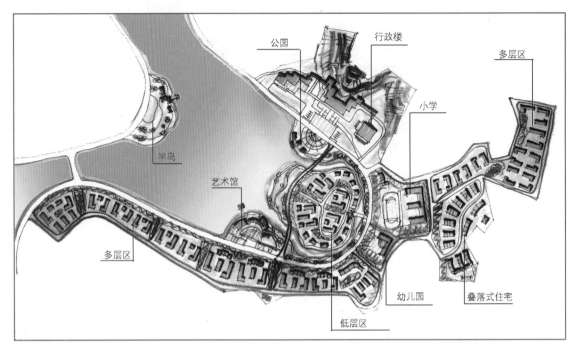

图1-1-21

行政办公区方案

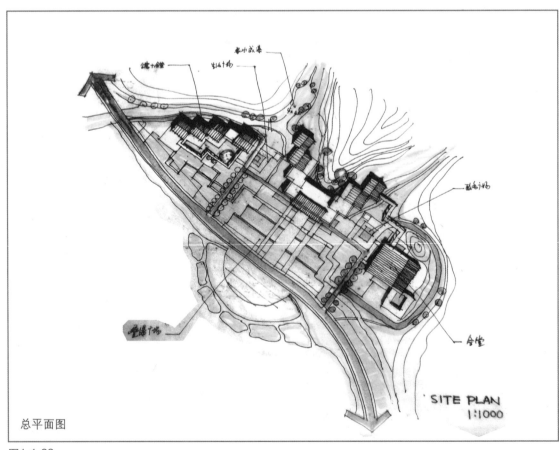

总平面图

图1-1-22

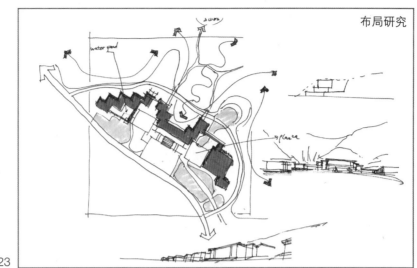

布局研究

图1-1-23

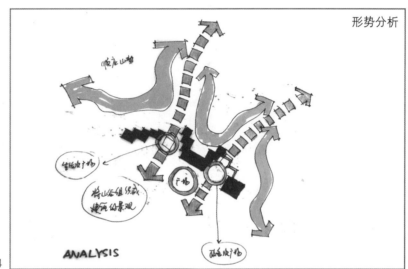

形势分析

图1-1-24

某住宅小区最终定案汇报（卢鹏绘制）：

手绘鸟瞰图

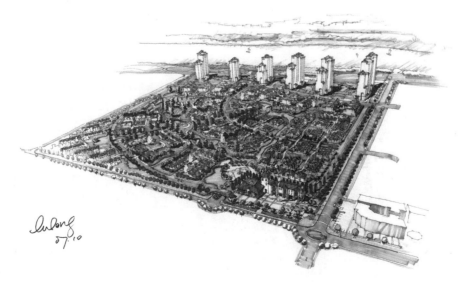

图1-1-25

景观断面示意图

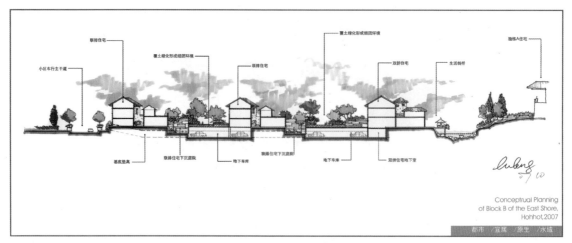

图1-1-26

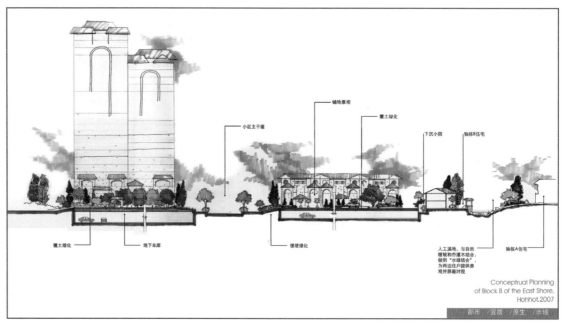

图1-1-27

要求建筑师具备过硬的业务素质。

可以肯定地说,设计单位的每个项目都是从快速设计和手绘草图开始的,其重要性和现实意义不言而喻。下面将展示一些设计院、设计公司实际工程设计中不同阶段的手绘图。通过这些实际案例,可以看出快速设计和手绘图在工作中应用的广泛性和重要性,大家也就更容易理解设计单位入职考试要考察的内容和目的了。

从上述实例可以看出,快速设计在实际工作中的应用多么普遍和重要。设计单位非常需要能在短时间内完成方案,并画出漂亮手绘图的设计人员。如今,计算机制图已经普及,大量的青年建筑师能把CAD、SketchUp等软件用得得心应手,能够画一手漂亮的手绘图的人越来越少了。物极必反,手绘图的价值和优势却越来越明显,在满视野的计算机图之间,手绘图往往能脱颖而出,展示出建筑师的专业素养和设计实力,很多"资深"的甲方尤其偏爱手绘,还常常把自己项目的手绘效果图当作艺术品挂在办公室里。

二、建筑快速设计考试的目的和题目类型

建筑快速设计考试主要是设计单位的招聘考试和研究生入学考试，二者的共同点是要考察设计基本功，包括建筑设计的基本概念、用地分析、方案设计能力和图面表现能力等。要求考生处理题目设计思路清晰，目标明确，图面表达充分。

不同的是设计单位的招聘考试比较接近实际工程项目，注重的是**功能分区实用、交通组织便捷、布局紧凑节地，满足规范要求、结构技术可行**等方面。所考题目的特点大多取自该单位实际工程

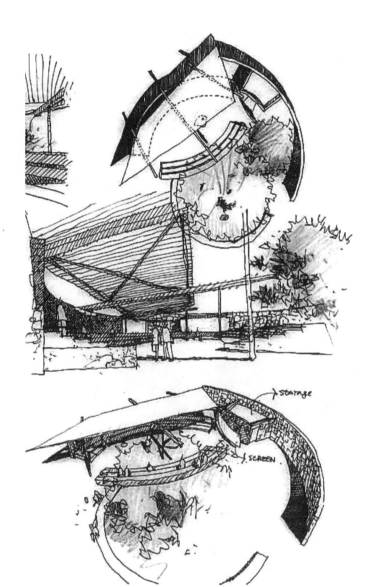

图1-2-1

以下是在美国工作的建筑师金雷的手绘作品：

图1-2-2

图1-2-3

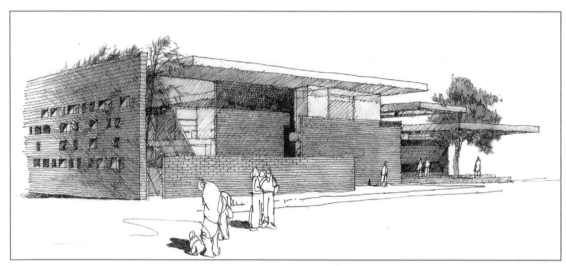

图1-2-4

图1-2-5

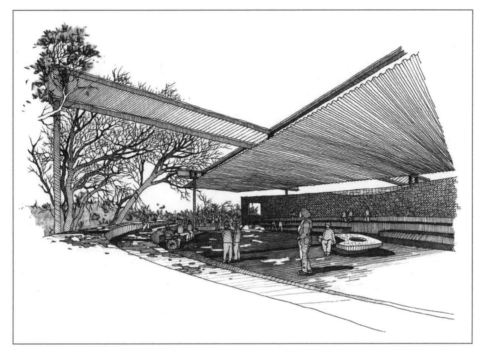

图1-2-6

图1-2-7

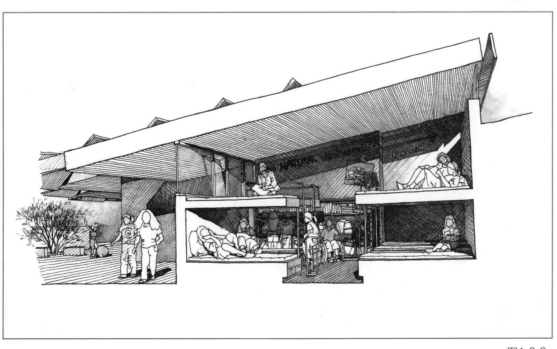

图1-2-8

图1-2-9

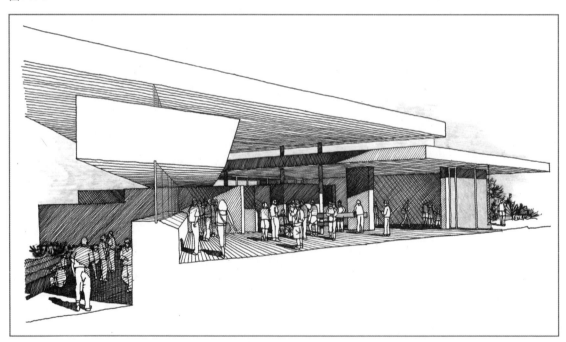

图1-2-10

图1-2-11

或投标项目，比如写字楼设计，或是改建方案等，近年来也多有住宅设计类的题目。通过这类题目考查考生的职业素养、应对实际工程项目的经验、社会阅历和实践能力。某些考生快速设计的方案有时也会被考试单位参考利用。

研究生入学考试比较接近课程设计，注重的是体现理论指导设计，方案构思、深化能力，空间处理能力等方面。考试题目大多数具有文化色彩，如纪念馆、系馆、活动中心等（某些大学也会出些如酒店、办公楼、车站等接近社会需要的功能性建筑题目）。题目中往往要求有大空间、多功能厅、保留植物等要求，有利于考生发挥创意，寻找文脉，结合环境地形，营造趣味空间。学校通过这类题目考查考生对"建筑学"本质的认识和理解，对方案深化能力要求较高。而单位招聘考试，一般从工程实践出发，主要强调的是功能的稳妥和方案的可操作性。从应试角度看研究生入学考试比设计单位招聘考试要稍难一些。

最后还要强调一点，尽管建筑快速设计考试可以反映考生的综合能力，但是由于其具有时间短、程式化的特点，**考试技巧对于提高成绩所起的作用是很大的**，这包括充分的考前准备、适当的练习、临场应变等。考试技巧涉及的内容很宽泛，甚至包括考前了解历年题型，主动与用人单位领导或导师接触，留下良好印象，这些都有助于在快速设计考试中最终取胜。

图1-2-12

图1-2-13

图1-2-14

图1-2-15

图1-2-16

图1-2-17

三、建筑快速设计的原则

建筑快速设计考试中最重要的一个字就是"快"！"快"是一切的前提条件，也就是说在考试限制的时间段内，尽量比别人、比自己平时想得多，做得多。眼睛读题要快，脑子反应要快，手上动作要快，"快"是图纸完成与否的保证，是方案深入与否的保证，是表现充分与否的保证。对于所有考生，不论设计水平高低，临考时要想快就要做到两条：一是充分准备，二是找到考场上的兴奋状态。

所谓充分准备包括知识技能等方面的准备，这需要一定的时间和训练。另外还要做好工具和其他方面的准备，"工欲善其事，必先利其器。" 在分秒必争的考场上，如果工具不顺

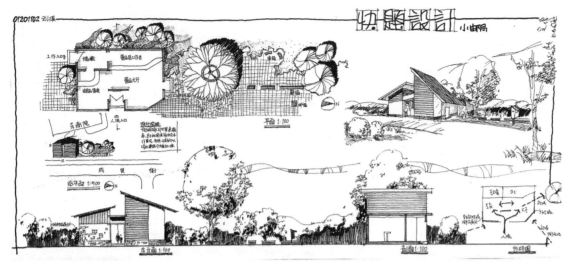

图1-3-1（刘溪绘制）

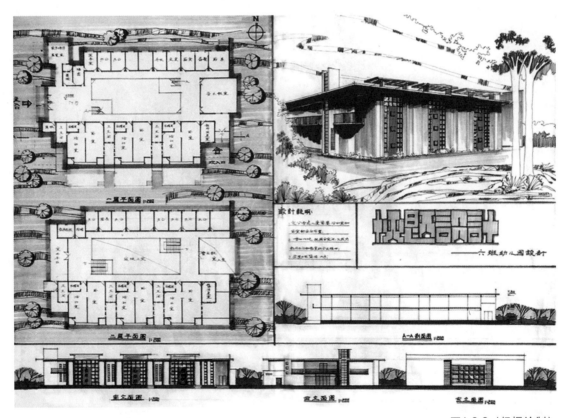

图1-3-2（杨振绘制）

手，饮食或是其他物品出现问题，不但会耽误时间，还会影响考试的情绪，这些问题不能不予以重视。关于应试准备的问题我们将在下面章节中详细阐释。

所谓找到考场上的兴奋状态，这一条适用于所有的重要考试和竞赛。就是要在考前有意识地进行生理、心理调整，在拿到试题的那个早上或者午后，把自己调整到睡眠充足、体力充沛、心情镇静、头脑清醒、适度兴奋的状态。在考试期间这种兴奋状态会愈发高涨直至最后，这样才会有最好的考试状态，才会充分发挥出自身潜力，才有可能出现"超水平发挥"，取得更好的成绩。

在建筑快速设计图面表达方面要求掌握"完整、准确、合理、统一、突显"的**五项原则**：

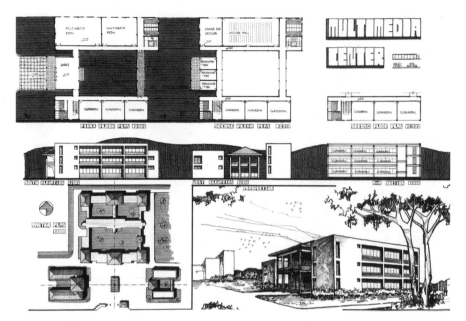

图1-3-3（蔡晶绘制）

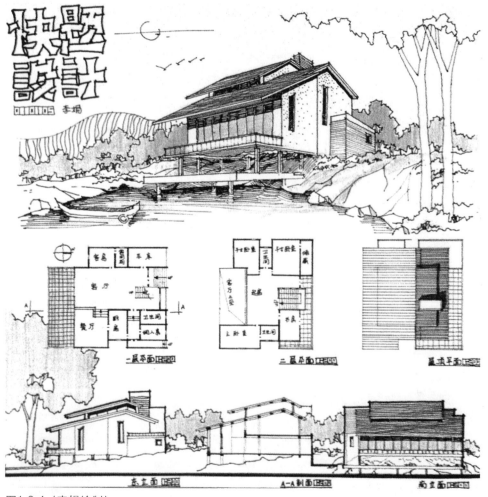

图1-3-4（李娟绘制）

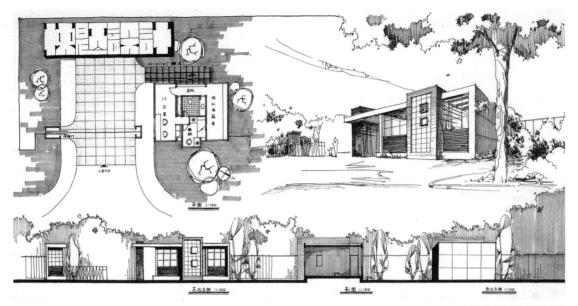

图1-3-5（陈君绘制）

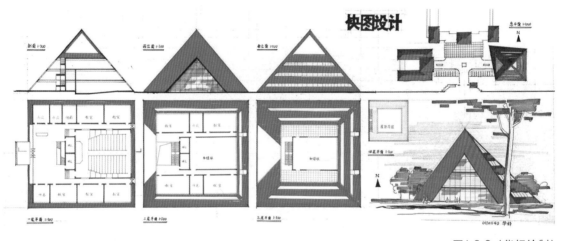

图1-3-6（华好绘制）

"**完整**"是指图纸内容符合题目要求，题目所要求的平、立、剖、透视、分析图、说明等一应俱全，图名、比例、指北针交代清楚，表达完整。

"**准确**"是指建筑规模、功能、及其他技术指标要与题目要求相符合，不能有太大的出入。前面两个原则是最基本的要求，如果出现图纸不完整、技术指标与题目要求不符的错误，就会被直接淘汰。

"**合理**"是指设计意图表达明确，基地分析处理得当，交通组织清晰，内部功能合理，这是建筑快速设计最核心、最重要的原则。

"**统一**"是指图纸表达成果的图幅、构图、画法、色彩等形式统一，它会从侧面反映设计者对题目的理解。评委凭第一印象就会判定作品属于哪一档次。

"**突显**"是指图纸表达成果中要有亮点，要能从众多图纸中脱颖而出，吸引人、打动人。比如选一个很亮的主题颜色，让图面更有神韵；准备一些醒目的字体、符号、配景使人一眼看上去能显示出整套图的特点。

对于大多数人来说，上述原则并不难做到，除了"合理"原则中的部分内容反映了个人的设计能力外，所有这些原则要求的东西都是可以通过考前"精心准备"，考试中"认真检查、逐项落实"来实现的。

第二章 考试前的准备

一、基本工具的准备

　　总的原则是"好用、足够用"。俗话说"工欲善其事，必先利其器"，工具就如同是战场上的武器，如果画图的工具准备充足、顺手好用，并且能够熟悉掌握，那么在考场上就能发挥自如、表现充分、节省时间，避免意外干扰。因此，**没有用过的工具千万不要在考场上尝试！**考试前要对所有准备使用的工具进行全面的检验和反复演练。

　　（一）笔

　　在快速设计中选用称手的笔来表达是最重要的，要在笔上多下些功夫，绘制各种图用的**笔要多练、多用、多备**。在快速设计中一般会用到的笔包括铅笔、草图笔、墨

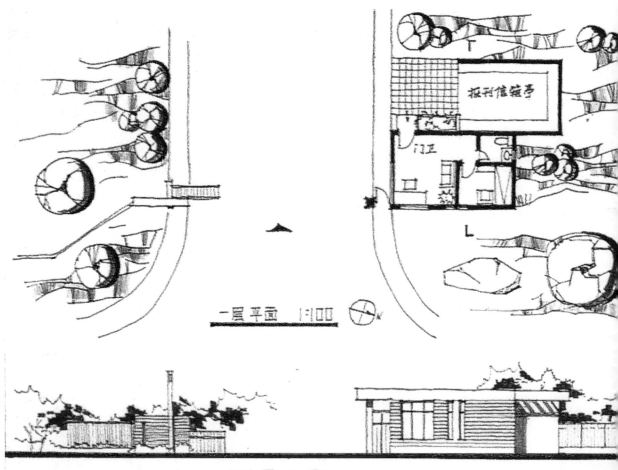

图2-1-1（周天邑绘制）

线笔以及表现用笔。在选择用笔的时候需要注意的原则是顺手，即选用自己平时练习中熟练掌握并且下笔顺畅的为宜，使自己画图时感觉表达充分、手感舒服，心情好。在多年的实践过程中发现，**绘图用笔种类不宜太多**，另外选笔其实并非越贵越好，**关键是顺手！**笔者一般习惯使用铅笔打稿，普通黑水笔或毡头笔上墨线，马克笔表现。有些考生喜欢用针管墨线笔绘图，由于针管墨线笔需要注墨且容易发生笔头阻滞的情况，因此不推荐使用，使用白色墨水的考生更需注意，由于白色墨水的颗粒较大，笔头阻滞的情况时常发生，需要考前细细清理。因此在快速设计的过程中推荐使用铅笔打稿和习惯使用的黑色笔上墨线即可。

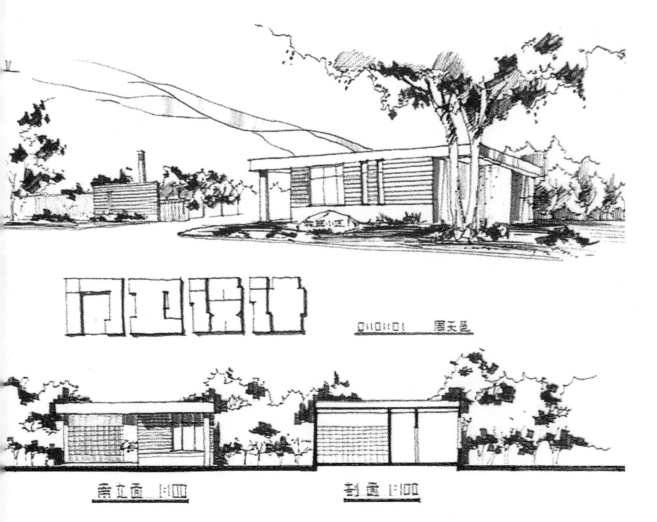

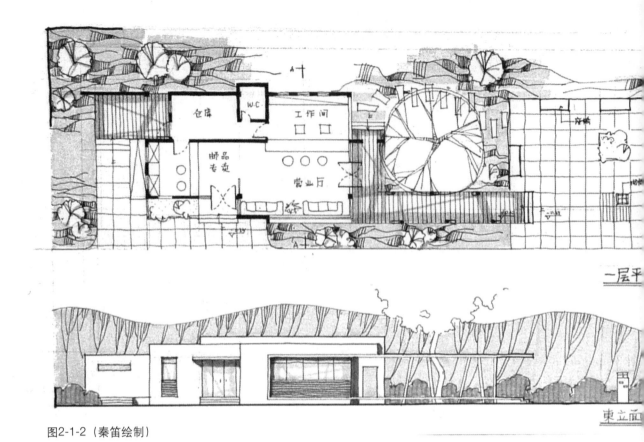

图2-1-2（秦笛绘制）

（二）纸

　　纸张选择也是快速设计中重要的一环，一般可分为透明纸和不透明纸。透明纸主要包括草图纸和硫酸纸。方案阶段使用透明纸有很大的便利，但是透明纸的下笔触感与不透明纸有较大差异，且纸张较薄、容易破损，也不太适合某些表现手法的使用，因此需要事前多加练习。不透明纸主要包括绘图纸、钢骨纸、云底纸以及各种彩纸等，使用不透明纸与特殊的表现手法结合往往有较好的效果，如使用钢骨纸进行铅笔渲染可以更好表达出素描关系，在灰色纸上进行马克笔渲染天然具备了黑、白、灰三个色调，可更好的烘托图面效果。但在不透明纸上绘图一般需要花费更多的时间，因此在速度方面需要严格控制。有的设计单位对纸张有特殊规定，宜尽早了解并在规定用纸上多加练习。另外还应该注意对方格纸的运用，可以有效地把握尺度，提高绘制速度，应学会使用。注意：一般考试单位会准备统一的考试用纸，绝大多数是草图纸。建议考生自己也准备好草图纸，事先裁切好A1、A2至少各4张，并且绘制好图框，这样可在考场上免去裁纸、

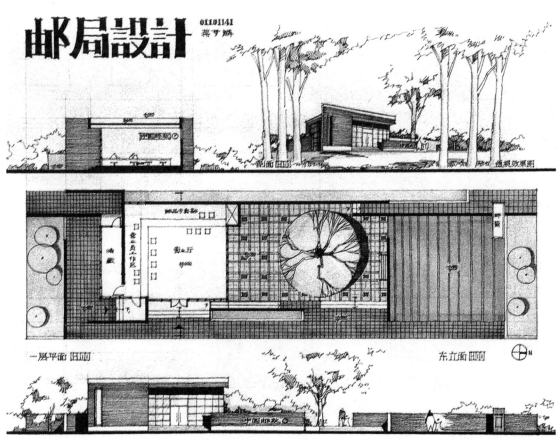

图2-1-3（蒋梦麟绘制）

画图框，节省大量时间。有条件的话可以准备一些进口的黄色草图纸，尽管价格稍贵，但是画出图来质感和效果都好，比白色草图纸占一些优势。

工具检查单（浅灰色格可添加备选项目）

表2-1

序号	内容	备否	数量	详细	状态
	证件	✓		考试通知、身份证明	必备
	铅笔			2H 2B 6B 卷笔刀	已削好
	自动铅笔			铅芯	
	彩铅			型号、颜色	已削好
	橡皮			普通、素描	不脏纸
	马克笔			型号、颜色	有水
	绘图笔			型号	有水
	草图笔			型号	有水
	针管笔			型号、墨水	通畅、墨水够
	滚珠笔				有水
	美工笔（钢笔）			墨水	墨水够
	水彩笔			水彩盒、主要颜色	
	一字尺				已绑好
	图板			1号	
	比例尺				
	三角板				
	圆规			架笔配件	
	曲线尺（板）				
	模板			圆、数字、家具……	
	草图纸			1号、2号	已裁好、画边框
	硫酸纸			1号、2号	已裁好、画边框
	备用纸				
	图样				
	工具盒（袋）				
	壁纸刀				新刀片
	透明胶带				甩好头儿
	双面胶带				
	电工胶带				甩好头儿
	方格网				
	面积板				
	姓名贴（应急）				填好
	标题贴（应急）				填好
	食品饮料			汉堡包、咖啡、红牛……	
	其他			创可贴、纸巾……	

（三）尺

一般需要准备的尺包括一字尺、三角板、曲线板（尺）、模板等，建议**尽可能不用丁字**

尺。绘图时宜遵守**从上到下，从左到右**的原则，避免尺子把图面弄污。最好再携带一把比例尺，在方案阶段可以有效地控制尺度，以防造成大的偏差。如果有可能的话也可携带一把有曲线或圆形的尺子，在环境表达时有助于线条的连贯和树木的绘制。

（四）其他工具

其他一些重要的工具也不能遗忘，如圆规、计算器、胶带、图钉、橡皮、刀子等，以免产生不必要的麻烦，**纸巾**也是需要准备的。考试一般是要求把姓名等信息写在图纸背面，可以准备几份**写好姓名信息**的贴纸，直接贴在图纸背面也可作为应急用。同时由于考试时间宝贵，早饭一定要吃好，酌情压缩进餐时间，可适当地携带高能量的快餐食品和饮料以**保持体力**。

（五）工具检查单

为便于大家作好考前准备工作，本书特编制了工具检查单，列出了常用的考试工具和物品，各人可根据自己的需要酌情调整（表2-1）。

二、方案的准备

建筑快速设计考试考查的是综合能力，其中最难的是方案能力。考生想在短时间内从根本上提高方案能力几乎是不可能的，必须通过一定量、系统、科学的训练才能实现。但是由于建筑入职考试具有一定的特性，如果能针对这些特性进行准备和练习，还是可以取得很大进步的，也就是说只要**方法对路**，就可以取得**事半功倍**的效果。

（一）稳中求胜，一遍成功

首先要明确的重要概念是：快速设计考试考的是"技术"，而不是"学术"。在现实设计工作中，大

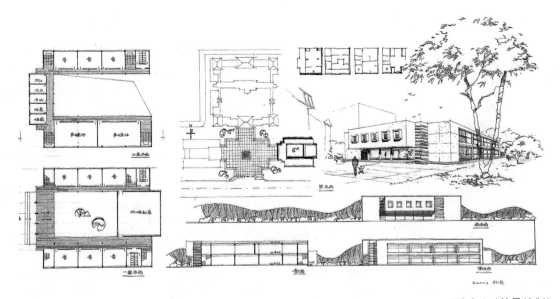

图2-2-1（韩曼绘制）

多是方案投标,且能够与业主沟通的机会难得,设计单位特别需要能迅速抓住项目重点,方案可用的人。因此,入职考试考查的是设计方案一次到位、一遍成功的能力。考试一般都是6~8小时,时间很短,不容有思考、创意的时间,考的就是基本功,要的就是你的"手"。设计单位选人原则,不是要选大师,最高目标是要"高手",设计表现都又快又好,最低目标是要"好用",设计单位比方案能力好的还稀缺的是手绘能力好的人。最反感的就是太有"思想",却不好用的人(特别是新毕业生)。请尽量不要带着你的"奇思妙想"去参加入职考试!

建筑快速设计考试考的是基本功,不是创新和创作。很多人太强调概念,容易造成顾此失彼的局面。因为很多概念是要以牺牲一部分功能和使用性为前提,而功能则是入职快速设计评图时候的重要标准。当然在满足功能性前提下尽力有概念,还是鼓励的。在方案方面,把最基本的功能、结构处理好,就能达到一般以上的水平,若想获得更高的分数,就得体现出考生对于建筑设计的理解力了。

这种态度无论是对于参加快速设计考试,以及将来实际工作都大有帮助。

（二）掌握规范

考生在方案设计的同时也需要注意遵守规范,虽然在阅卷过程中考查的主要不是考生对规范的熟悉程度,但是方案中**不能出现明显的规范错误**或是与规范出入较大的地方。尤其是在出入口、电梯楼梯、卫生间、车库等位置更需注意规范的要求。考生应对《民用建筑设计

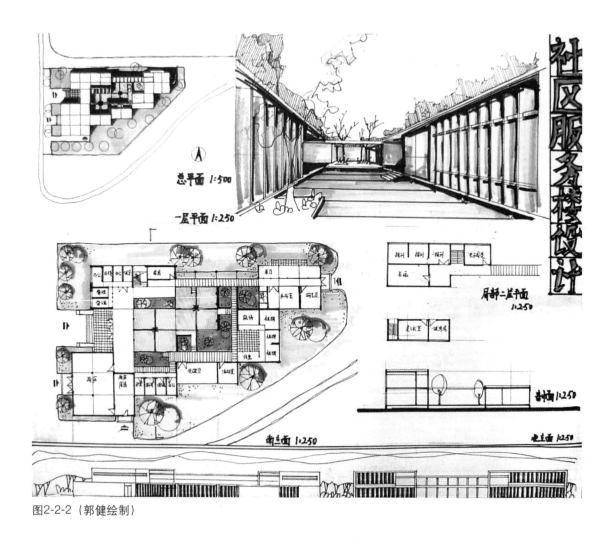

图2-2-2（郭健绘制）

通则》、《建筑设计防火规范》、《高层民用建筑设计防火规范》，以及《城市道路和建筑物无障碍设计规范》、《住宅设计规范》、《住宅建筑规范》等有强制性条文的文件有一定的了解，对于重点部分必须掌握。本书附录中列举了一些常用条文，不一定全面，仅供大家参考，可以帮助建立一些基本概念和印象。

（三）熟悉题型

建筑入职考试的题型相对于研究生入学考试而言一般较集中，多为办公楼、医院、文体中心、图书馆等大型公共建筑，面积一般在2000～10000m²之间，地形不会太复杂。考生应结合《建筑设计资料集》，牢牢掌握这些建筑类型的功能布置原则，了解一般的设计规律，**最好能事先画出各类型建筑的功能关系图**。同时应对求职单位历年的快速设计题目有所了解，**总结出题规律**和风格并加以练习。

（四）广泛实践（看其他参考书）

考生需多看各类方案书目，并尽可能的理解方案或加以临摹。一般来说参考书目应以理查德·迈耶、帕金斯威尔、GMP、近期各年度的设计院作品集、新近的各种国内出版的建筑杂志等为主，所选方案也应该是常规的、正统的，画出图来有效果的方案。切记避免模仿库哈斯、哈迪德、福斯特等怪异的建筑形象；避免解构的、后现代的、高技的、最新潮反常规的；避免扭来扭去的、支离破碎的、玩酷过火的。以上这些在建筑入

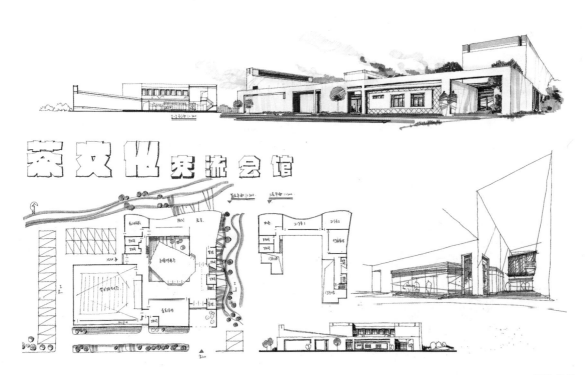

图2-2-3

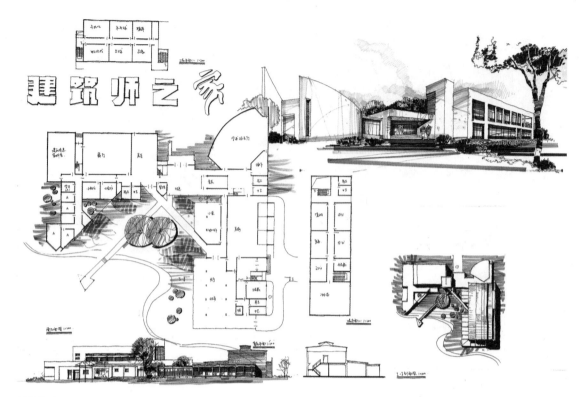

图2-2-4

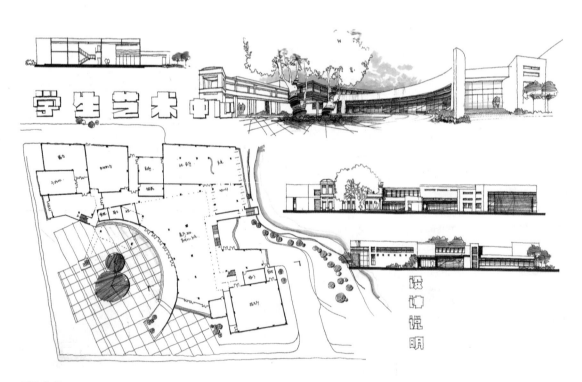

图2-2-5

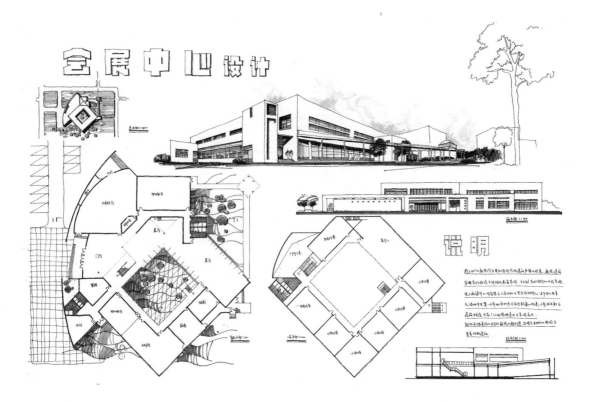

图2-2-6

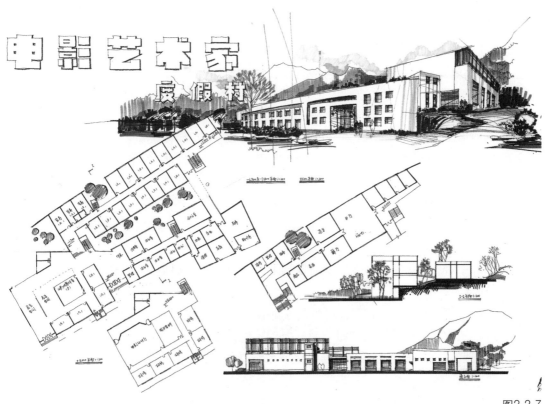

图2-2-7

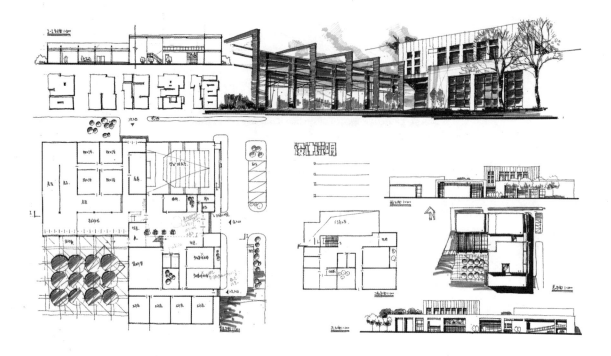

图2-2-8

职的快速设计考试可能会起反作用。

（五）针对训练

按照基地的形状分成几种类型，每种类型各准备一套平面和立面。常考地形有：（1）正方形；（2）长方形主入口在长边；（3）长方形主入口在短边；（4）三角形主入口在短边；（5）三角形主入口在斜边；（6）梯形主入口在上底或下底；（7）梯形主入口在腰上；（8）前七种组合出来的异形地。之所以强调主入口的方位，因为同一块地，入口方向不同，平面、立面处理也会不同。现实的办法就是找这些不同的地形来练习。其实这八种，可以归结为两三种平面和立面处理。也就是说，准备的方案要灵活，适应性和调整性要强。在平面准备的基础上，深化对立面、剖面的处理。立面应记住几种固定的形式，注意群体的组合和明暗虚实的对比。剖面应简洁明了，注意对层高的控制和建筑物的限高要求。熟练掌握常见的透视画法，这对于表现水平不好的考生尤其重要。可以从一点透视入手，以画立面的形式来完成透视图，注意空间和层次的把握，数量掌握配景（人、车、树）的画法并加以点缀，用构图对透视进行强调或弱化。根据以上各个原则勤加练习，势必会取得较好的效果。

总之：在实际入职考试中不建议临场构思建筑造型和立面效果，而应该套用准备好的方案和效果图。

以下是张涛所作的一系列有针对性的快速设计训练，作者首先明确了自己擅长的表现方法，选定了制图的工具和纸张类型，然后针对不同的题目和地形进行了系统性的训练，尝试了U形、L形等多种平面组合方式。通过这样系统性的训练，作者逐步熟悉了工具的特性，掌握了有效的表现技法，积累了各种空间的组织手法，最重要的是找到了快速设计的感觉，平面、立面设计越来越流畅、娴熟。希望各位读者能从中得到一些启发。

第三章 表现方法与技巧准备

一、色彩和构图

　　总体要求"**统一、突显**"，图幅、构图、画法、色彩形式要统一。色彩不要太丰富，整体感觉协调就好，**尽量选择中性色系**，**慎重使用对比色**。建议**图面主色不超过三种**，**一定要有分量重的颜色压图**，**尽可能画阴影**，否则图面会显得轻飘飘的。"突显"是指图纸中要有亮点，要能从众多图纸中脱颖而出。比如选一个很亮的颜色，醒目的符号、配景等。在准备配色方案时要找一些成熟的作品作参考，配合工具进行准备，颜色搭配方法直接移植过来，既稳妥又是学习，最好事先模仿练习一下。建议将选择好的样图做一份小样，以备考试时作

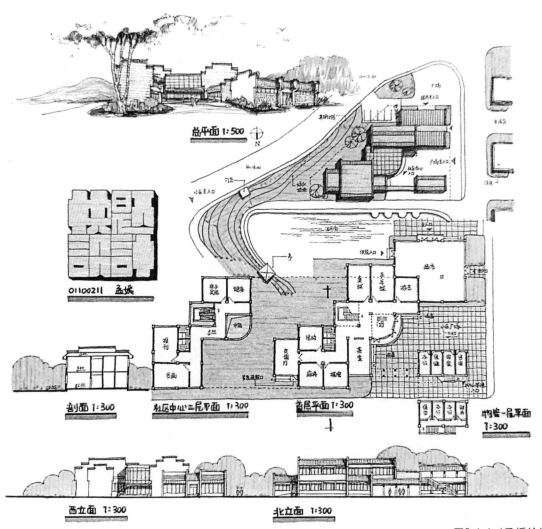

图3-1-1（孟媛绘制）

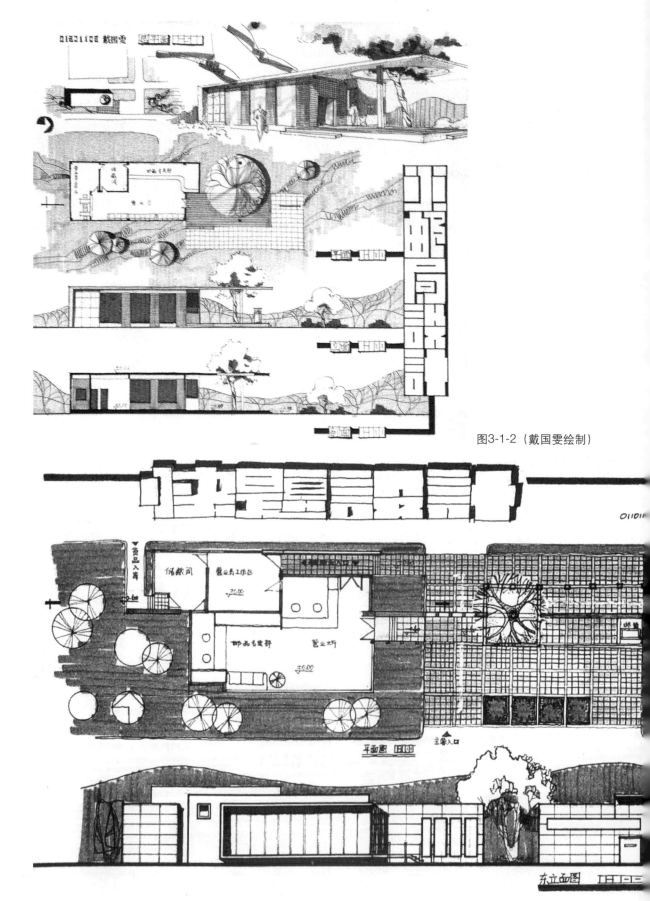

图3-1-2（戴国雯绘制）

图3-1-3（蔡晶绘制）

参照（入职考试对自带物品的限制一般不是非常严），不管遇到什么题，坚持使用，**千万不要临时改配色方案。**

　　大部分单位要求是多张A2，也有部分单位考试要求一张A1，考生应在事前尽量多了解该单位历年考试具体的要求并加以练习。构图一般分为横构图和竖构图，在单张图纸上构图应注意各图之间的关系，同类图要注意从左到右从上到下的排列合理。多个平面图之间**应保持对位关系**，平面和立面、剖面之间最好也要保持一定的对位关系，主要图纸排布好后，在剩余的部分结合相邻图纸布置分析图、透视图等其他图纸。图纸布置应注意不要太靠近纸张边缘，以便在最终完成后可以在边缘补充线框等完善图面。多张图纸的构图相对较简单，但需要事先计算好所画图量，按合适的疏密程度布置，一般在3~4张为宜，同时要保持全套图纸的整体性和连贯性，但最好不要用拼接的构图方式，因为在评图时未必能按照顺序排布。建议**构图不要哗众取宠**，不要太怪。另外千万**不要到考场上研究构图！**考试前找成熟的案例，模仿练一下，为了保证最终的图面效果，构图完全可以"套用"好的方案。

图3-1-4（李娟绘制）

二、各类表现手法

（一）钢笔

钢笔表现是比较典型的易学难精的画法，建筑钢笔表现在以后的工作中会发挥巨大作用。大部分考生应该都具备钢笔画的基础，但是想画得非常具有表现力则是比较困难的。钢笔画的**精髓在于线条**，线条表达得好则整个画面就上了一个档次，这是需要在平时多加练习的。考生在时间允许的情况下应时刻进行钢笔画练习，而且钢笔画工具要求简单，完全可以做到走到哪画到哪，同时应结合范例进行临摹。推荐钟训正的《建筑画环境表现技法》和彭一刚的《建筑绘画与表现图》。这两本书讲得都较为系统、详尽，范例也是久经考验的名作。认真研究与临摹几个月，会有比较大的进步。

01101105 李娟

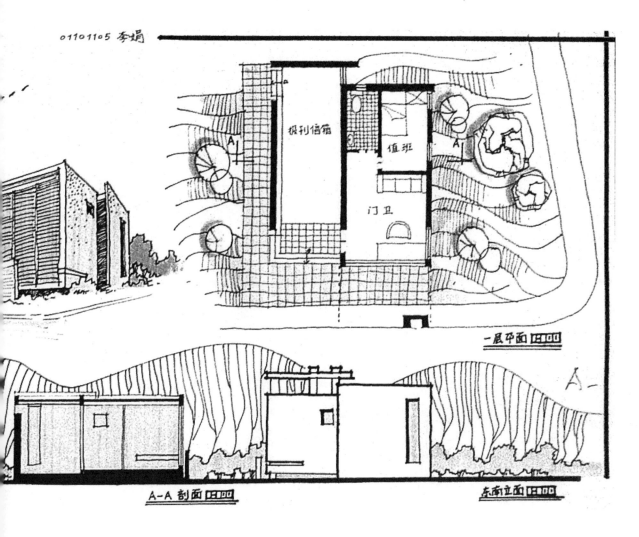

报刊信箱

值班

门卫

一层平面 1:100

A-A 剖面 1:100

东南立面 1:100

图3-2-1（刘晓绘制）

图3-2-2（刘晓绘制）

图3-2-3（刘晓绘制）

图3-2-4（刘晓绘制）

图3-2-5（刘晓绘制）

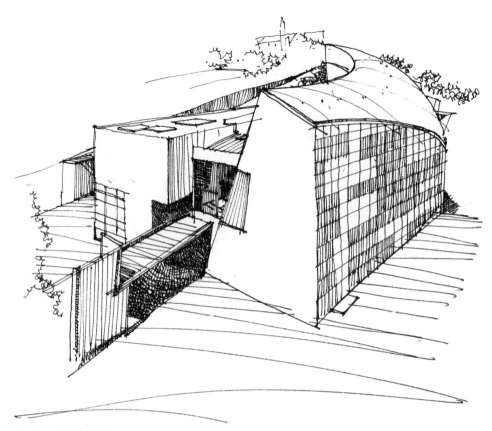

图3-2-6（张涛绘制）

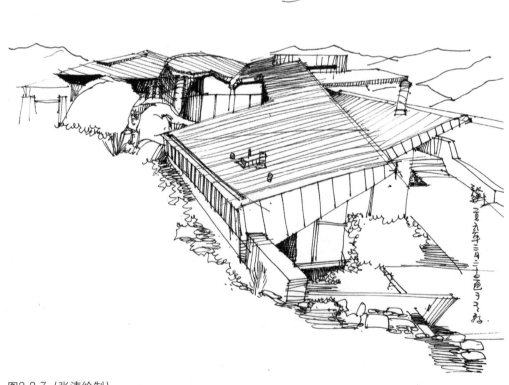

图3-2-7（张涛绘制）

图3-2-8（张涛绘制）

图3-2-9（吴潘绘制）

图3-2-10（杨振绘制）

图3-2-11（相南绘制）

学生服务中心

图3-2-12（黄非、金雷合作绘制）

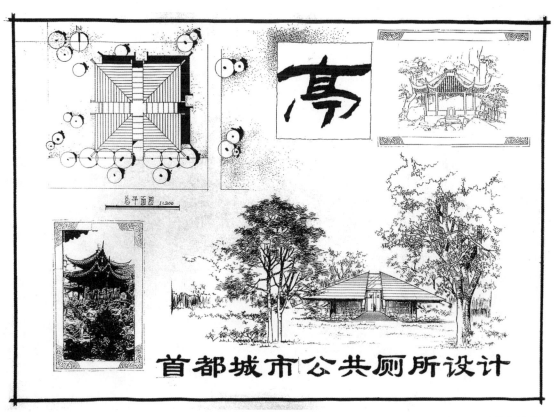

图3-2-13（黄非绘制）

（二）马克笔

马克笔表现是一种既清洁且快速、有效的表现手段。马克笔的一大优势就是方便、快捷，工具也不像水彩水粉那么复杂，有纸和笔就可以；笔触明确、易干，颜色纯和不腻；颜色多样，不必频繁的调色，因而非常快速。马克笔分水性和油性，水性马克笔色彩鲜亮且笔触明确，缺点是不能重叠笔触，否则会造成颜色脏乱，容易浸纸。油性的特点是色彩柔和笔触自然，缺点是比较难控制。在使用马克笔时主要需要注意控制力度、方向、重叠、笔触这几个方面。考生最好找一些书临摹，如《设计与表达——麦克笔效果图表现技法》（张汉平等著，中国计划出版社）、《建筑画——麦克笔表现》（夏克梁著，东南大学出版社）、《美国建筑画表现进阶教程》等。掌握一套程式化的表现方法，平面用色、立面用色、透视用色都固定好。多数地方都不要用单色，否则太单调。比如玻璃，不应该用一种蓝色，几种蓝叠加才有效果。对于色彩功底比较弱的考生来说，**用最少，最灰的颜色表达清楚**是比较好的方法。

（三）铅笔

"马克笔搞不好会要人命！**彩铅是可以救命的！**"这是一句著名的话。铅笔表现，是比较基础的绘画方法，具有比较强大的表现力。各种笔的表达效果各不相同，用笔的轻重缓急、纵横交错，能使画面达到比较丰富的效果。总的特点是操作方便，比较便于修改；但是，由于其笔触较小，**大面积表现时应注意时间**的限制条件。可考虑结合其他更为便捷的方法快速完成。在使用彩铅时应注意笔与纸的搭配，目前使用比较多的彩铅品牌有中华、辉柏嘉和天鹅，有些铅笔的笔触在部分特定纸上不好表现，可考虑结合蜡笔、粉笔、炭笔等共同绘制。

图3-2-14（谭亮绘制）

图3-2-15（谭亮绘制）

图3-2-16（纪静绘制）

图3-2-17（纪静绘制）

图3-2-18（王庚绘制）

图3-2-19（王庚绘制）

图3-2-20（张京京绘制）

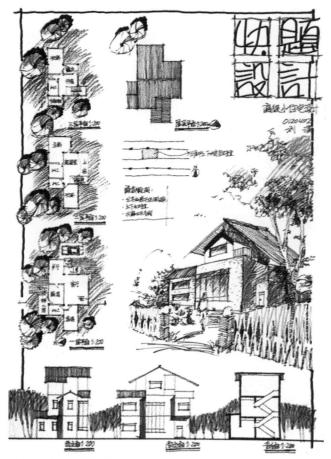

图3-2-21（刘溪绘制）

图3-2-22（刘昭玮绘制）

图3-2-23（刘昭玮绘制）

图3-2-24（袁媛绘制）

（四）水彩

水彩的表现力比较丰富，效果明显，但是较难掌握，一般由浅色部分开始画。水彩可分为干画法与湿画法。干画法是一种多层画法，干画法可分层涂、罩色、接色、枯笔等具体方法。湿画法可分湿的重叠和湿的接色两种。水分的运用和掌握是水彩技法的要点之一。水分在画面上有渗化、流动、蒸发的特性，画水彩要熟悉"水性"。充分发挥水的作用，是画好水彩表现的重要因素。由于水彩时间一般耗费时间较长，考生可考虑局部上淡彩或与其他形式结合表现，事先也需要熟悉用法并做好相关的准备工作以节省考试时间。**若没有相当的功底一般不建议在考试中使用**。

三、透视画法

首先是图幅，一般设计院会要求一张A2号透视图。实际上快速设计透视图不宜过大，太大了会显得比较空，也不容易画深入，还浪费时间，毕竟画图时间是与面积成正比的。很多考生透视画不完无非是要么给透视留的时间太少，要么画得太大、太复杂，收不了场。画透视图一定**要抓住主要转折点**，重点刻画、重色处理。同时透视中钢笔线应多些，比如说地面、环境，**多加钢笔线**。画配景主要是为了多出几个层次，来衬托建筑。画树时可多用其他表现手法，钢笔线多了画不完。考试的时候也许只有5分钟让你画树。同时应注意前、中、后三个层次应该表达清楚。前景黑，中景丰富（建筑），远景简是常用模式。建筑上用线多多益善，但要重点突出，重点刻画主要转折点，一般把**入口处作为趣味中心**来处理，但要注意时间的安排。轴测图可以由平面图直接起，看似简单，但是想画精彩并非易事。在入职考试中，对于方案和整体图面效果很有把握时才可采用，否则有一定风险。

四、配景的具体画法

配景是快速设计中不可或缺的重要部分，也是给评委留下较好印象的重要环节。部分考生不注意配景的画法，即使建筑设计再好却难以形成较好的图面效果，因此在复习的过程中应加强此方面的学习。尽管也有一种不画配景的表现图，但其要求建筑表现得比较独特，对于不擅长画配景的考生来说，需要事先专门练习一下。

配景一般包括人物、树木、汽车以及小的雕塑等，各种配景的表现方法应多尝试，和自己熟悉的"人、车、树、天"培养感情，找到信手拈来的感觉。配景在表达中最重要的作用是丰富图面层次，平衡图面关系，如在图纸中比较空的地方可适当的画一些人和树，但**切忌喧宾夺主**。其次在图纸空间中若没有人车等配景，会让人难以把握建筑的体量感，因此配景画法中最重要的是**处理好正确的比例关系**。最后要注意配景线条要简洁明快，应在事前熟练掌握一两种近远景的人、车、树的画法并反复练习，同时应注意结合方案和构图合适布置。

第四章 考试设计操作

一、建筑快速设计的方法和步骤

（一）审题

只要是考试，就要讲究审题，审题环节如果出了问题就会出现致命的错误，即使画得再好也于事无补。可以说，在建筑快速设计考试中，**比做方案更需要动脑筋的就是审题！** 题审清楚了，方案的大关系就对了。因此，拿到任务书后要静下心反复阅读，并应勾画出重点。千万不要看一遍后，自以为看懂了，然后把题单扔到一边。审题时多看几遍是很必要的，研究题目至少要15分钟，确信自己把题目中的所有信息都看出来了，才可以开始构思方案，在构思时还要反复读题，**确定没有遗漏内容。** 审题环节要注意以下几点：

1. 基地分析

要仔细审视基地图纸，**千万要看清方向（指北针）**，以及河岸、道路、等高线、日照遮挡等场地关系。注意建筑**红线和退线**，建筑入口位置，绿化面积，停车位数量等。对于特殊形状的基地要注意其"特别"的部分，这部分往往需要特别的处理，通常会对设计方案产生很大的影响。总之头脑要清醒，不要匆忙开始画图，基地如果分析错了绝对被淘汰。

2. 项目性质

对于建筑的性质、规模和使用者应充分了解，注意建筑的内向性和外向性等特点。项目的性质决定了建筑的**"气质"**，比如幼儿园不能设计得太严肃，政府办公楼不能像商业建筑，学校的图书馆不能设计得像体育馆等。建筑的气质如果不符合项目性质，就会让人感觉很不舒服，尽管这条不一定明确写在评分标准上，但是如果设计中有这样的问题，功能再好，图面再漂亮，也会大大地失分，评委会认为设计者的理解力和职业素质有问题。审题时还应注意题目中的限定词，比如古乐器博物馆、港口的餐厅、县城的图书馆、山顶上的俱乐部、湖边的茶室等。

3. 功能要求

审题时首先要理清建筑大的功能块有几个，明确建筑中**最主要的功能要求以及其数量**，如学校、幼儿园中各种教室的大小和数量要求，办公和会议室的数量，住宅户型和面积等。其次要注意**特殊功能要求**，了解建筑中特殊功能空间的要求，如会堂、展厅、多功能厅、室内羽毛球、篮球场等，对座位数、室内高度有特殊要求，主要考察考生如何处理结构和高差问题。同时要注意对体型、风格有何限制，周边环境有何特殊要求和可利用的要素等。最后要注意任务书中没有提到，但是建筑中必须的**隐含功能要求**，比如卫生间数量、楼梯和电梯形式、疏散口数量和宽度、设备空间、地下车库入口、防火间距和消防通道的设置要求等。

4. 注意暗示

特别要注意分辨任务书里的暗示性词语，以及**不寻常的现状**，如水景、绿地、噪声源、古树、礁石等，对于这些特殊条件绝不可以视而不见。题目中出现这些条件，就是希望考生在设计方案中使用上，或加以特使处理，因此在方案、设计说明中**必须要有交代**！比如将景观引入室内、外空间，围绕古树造景，房间布置远离噪声源等。

（二）分析及构思

分析是解题的最重要环节，如能根据题目给定的条件，将各种关系分解清楚，安排顺畅，合理处置有特殊要求的空间和景观，设计就成功一半了。相比之下，形式反而是次要的。对题目的分析主要包括外部关系和内部关系两大方面，**外部关系**有：建筑同城市的关系、道路的关系、相邻建筑体量的关系、环境景观关系、文脉关系等；**内部关系**有：内部功能关系、空间关系、自身形体关系等。

在对以上各方面关系进行分析、组织的同时，也就随之形成了各个分析草图，正式的分析图在平、立面画完后描一遍就可以了。**画好分析图非常重要！**一定要重视。它既能帮助理清设计思路，又能显示出较好的设计水平，在评委评图时还能够起到解说的作用，更清楚地表达设计思路。

1. 基地同城市道路的关系

在城市用地中，**基地同道路的关系是具有决定性的**，关系到总平面和主入口、主立面等关键点的处理，不容有错。基地同道路的关系不同，对建筑相应的要求也就不同，应注意四种情况：

基地紧临交叉路口时，要求建筑具有一定标志性，并且在道路交口处留有一定面积的城市广场和绿化、休息空间。当交叉口处道路转折角度过大，视线不便时，需考虑使一部分基地作为舒缓道路的过渡部分，有适当面积的铺地及不遮挡视线的绿化。

基地一侧面临城市主干道时，建筑临街主立面处理最为重要。可设车辆入口，但在城市主干道旁不宜设停车场，停车场宜设在次要位置，或导入地下车库。

基地面临次要道路时，立面处理要考虑与行人间的视线距离和视觉效果，应倾向简洁，不可过于庄严、华丽。在这种基地上建筑宜退让红线较大距离，适合设车辆入口和停车位，避免对街道和行人产生压迫感。

基地在道路末端，主立面对着道路时，作为街道的底景，建筑适宜有一定的层次感，通常使用的手段有两种，一种是中央高耸，形体有足够的聚焦力量；另一种是较谦恭的姿态，在建筑上开口，或开一个通道，使道路有延伸感。

特别注意：车辆出入口与道路交叉口交角不小于75°，并要保证足够的距离，距城市主干道道路红线交点80m，次干道70m；距公交站边缘10m，距公园、学校、残疾人等建筑出入口20m。

2. 基地同外部环境的关系

建筑与外部环境的关系的处理是设计中较深层次的问题，最能体现设计者的大局观念和思想深度，无论你的设计水平高低，无论在手法上处理得好坏，在方案构思时**一定要建立建筑与外部环境的联系**，在总平面图和形体上要对各种外部关系有明确的交代，通过图面告诉评委，"我对建筑和环境的关系有考虑"。

首先是地形地貌分析和建筑构思，注意以下几种常见情况的处理：平整地形建筑布局可适当灵活扭曲，复杂地形建筑布局宜完整简洁。十字路口或缺角地形中建筑处理宜为锯齿形或弧形，城市边角料地形中不宜多实际功能。坡地地貌依据其起坡角度的大小，可采取全埋，半埋，架空等不同的处理方式。建筑与等高线一般有平行和垂直两种关系，根据落差的大小可选择跌落半层、一层，落差应结合停车场等功能进行有效利用。临水地貌应注意建筑平面舒展，立面轻盈，建筑可适当延伸至水面并与水面产生关系。

具体的环境关系还包括：基地周边环境景观、视线、噪声分析，**特别要警惕噪声源**，功能布局上要有相应的处理；基地内部原有树木，遗址等要素分析，设计时**最好有室内外景观**

融合的手法；基地所在地的气候分析，气候上主要**注意南北方建筑形体上的区别，一定要考虑节能**；基地所在地的历史风貌和风土传统分析，注意历史风貌保护地区或少数民族聚居区的特殊要求；基地与周边建筑的关系，注意高度、布局、立面及屋顶形式处理上的统一或对比。

在构思中随时注意规划要求：建筑密度、容积率、高度控制、绿化率、入口、停车、消防疏散要求，日照间距等。

3．建筑造型构思

在上述分析构思的同时，宏观布局和体块基本上已经完成了。按照建筑设计的原则，应该先设计内部功能，由功能生出造型，但是根据很多人参加建筑快速设计入职考试的实际经验，大部分单位要求是多张A2图，其中单独一张手绘效果图，这时**总平面图和表现图是两个"重头戏"**，而平面功能合理、规矩、顺畅即可，小的空间处理和手法只起锦上添花的作用。因此，在宏观布局完成后，注意力应转向最出彩的建筑造型和效果图上。

在实际入职考试中不建议临场构思建筑造型和立面效果，而应该套用准备好的方案和效果图。建筑方案形体宜简单，适当调整即可，最好要有一定的立体构成意味，先保证原形，建筑形体布局常用的有一字形、L字形、T字形、十字形、工字形等。设计时按功能灵活使用，在基础形上适当异变出斜线或曲线形，同时考虑功能是否放得进去。

建筑形态构成要合理，**切忌求奇求异**。注意从建筑外部形态的环境特征，形态的功能特征，形态的整体性，形态的交接与细部处理等多个因素结合考虑。在形态考虑中要注意三维的概念，平面形态和立面形态都需要认真设计。应注意车流和人流的设计，朝向、景观、建筑界面的控制，与周围建筑的功能关系，建筑形态的环境意义，对周围环境的影响等，如果带有规划成分则还需注意在城市中的形体关系。

造型异变要注意具有逻辑性和合理性，比如：办公楼与旅馆立面处理外窗较为规律化，可通过窗的设计和突出局部构架使构图活跃。博物馆、展览馆类建筑主要依靠天窗采光，局部有高窗，侧窗，高角窗处理，故外立面较实，由于功能的文化性需要，经常有局部与大片玻璃幕墙对比的运用。另外可通过对天窗造型，运用片墙、构架，墙体内陷做洞口处理，具厚重感的体块咬合，墙面突出片墙或凹进做侧窗，墙面做影壁，建筑与水结合等手法进行活跃化。综合体建筑的处理没有固定原则，依据气候、位置、功能的不同可运用墙体、虚构架、廊道、窗等建筑元素进行活跃。造型应结合景观、周边建筑、文化传统进行设计，如果有历史风貌保护区的特殊要求，属于硬指标，对建筑高度、布局、立面及屋顶形式的要求必须满足。

最后强调一点：无论是自己设计还是套用准备好的方案，**立面风格都必须抓住建筑的身份和气质**，设计者利用建筑手法的"表意能力"，也可以说是"角色转换"能力是非常重要的。评委、业主选择方案就像企业选形象代言人，如果气质不符合所代言产品的要求，就是其他方面再好也不能用。

4．内部功能分析

快速设计考试考的是"技术"，而不是"学术"，重视的是基本功，不强求创新和创作。因此，在进行功能分析和设计的时候，功能安排最基本要求是**"合理"**。合理的分区布局主要有以下几点：

首先要确定各功能空间的流线要求、面积分配、开放程度、朝向要求、动静要求等，做到**动静、公私分类分区**。可以通过画功能分析图辅助设计，并应作出标记，对重点部分予以强调并在图面中体现出来。

T字形平面

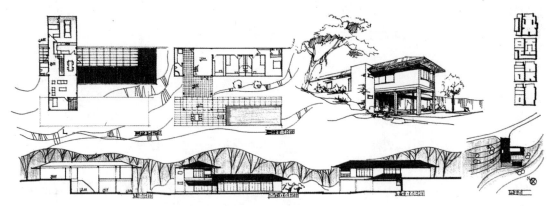

图4-1-1

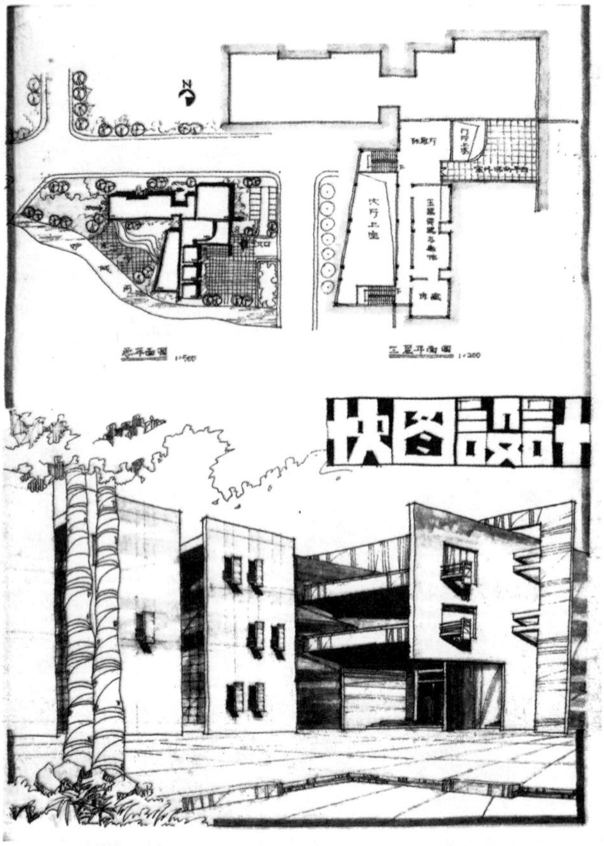

图4-1-2（齐永利绘制）

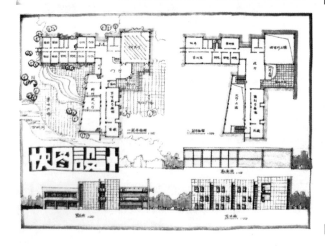

图4-1-3（齐永利绘制）

工字形

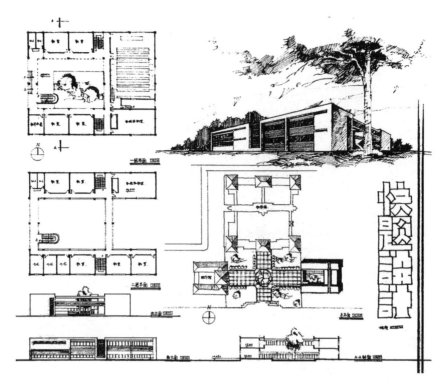

图4-1-4（相南绘制）

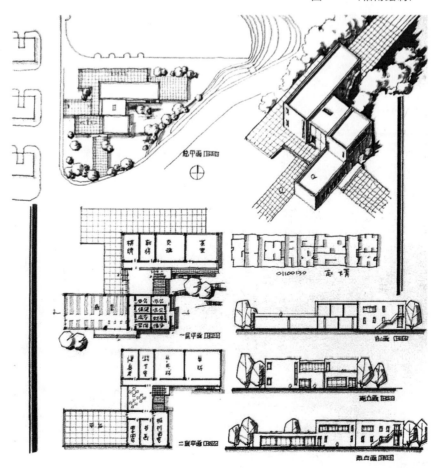

图4-1-5（赵婧绘制）

其次是从不同的功能空间的特点出发**寻找设计的要素**，如特殊功能空间（观众厅，讲堂，大活动室等，其位置决定其他空间的布局），统帅性功能空间（门厅等，其位置影响着交通组织方式，使人有停留的感觉），主体功能空间（教室，活动室等，它构成整体的空间形象，决定着主要的活动区域和结构形式），室外空间（广场，活动场地等，影响交通，朝向等问题），根据这些空间的关系画**空间分析图**。

根据道路情况，决定主次入口各自的可布置方位。注意各交通系统的功能并合理分配，如门厅（引导、分流），平面交通（简捷、系统、到达的均好性），垂直交通（均匀、便捷、方便疏散），同时应注意出入口的位置、疏散距离等容易出现不符合规范方面的问题，画**内部流线分析图**。

最后根据建筑密度和基地面积估算出一层面积和层数，并在总平面图上确定停车、附属建筑位置**和外部流线分析图**，并按比例画出建筑的基本布局。确定各部分层数、层高和结构形式、柱网布局，以及特殊空间的特殊需要。安排楼、电梯间，疏散口和卫生间的位置、大小、数量，注意核算总面积和各功能空间面积，以及车位数和绿化面积等是否满足任务书要求。

尽管前面讲"不强求创新和创作，功能要合理"，但这仅是最基本要求，这里还要补充一点：如能在空间组织上**形成一定的逻辑关系**会更好。所谓逻辑关系就是围绕一个主题展开，层层推进的"情节"关系，比如"过去、现在、未来"这样的内在关系。有了主题和相应的逻辑关系的设计，比仅仅是功能分区清楚的设计，就显得高明得多，档次立分高下。因此，平时应多找些常会用到的设计主题进行练习，以提高自己的设计意识和水平。

二、设计操作

建筑快速设计考试要求的图纸一般包括总平面图、平面图、立面图、剖面图、透视图（轴测图）、设计说明、技术经济指标等。各种分析图一般不作明确要求，可自行决定。

（一）总体要求

要注意看清楚纸张和表现方式的要求，**不要违规**。设计应以任务书为准，强调客观的正确性，设计过程中要强调稳扎稳打，出现偏差时**千万不要彻底否定原方案**，而要沿着既定思路逐步改进。**采用最熟悉的方法**处理设计问题和表现，控制好时间，**不要计划用满时间**，应适当提前15~20分钟完成，这样会从容些，并且留一点时间做修修补补的工作，这样可以使图面显得更精细，在评图时大有好处！

（二）总平面图

评委都是专家，必定要看总图。总平面图最要求严谨，其中的**每根线都应有其代表含义**，都不能画错，也不应有多余的线。甚至道路转弯半径，配景树的尺度、位置这些细节都要注意准确。用地内建筑**强烈建议画阴影**，不仅可以使建筑形体关系表达清楚，更能使图面效果显得精神。注意总平面图**阴影应与平面图方向一致**，避免理解混乱。

用地边界关系要清楚，**红线要交圈**。注意城市道路与城市主干道的区别，小区、居住区等规模上的区别。**注意出入口和方位**判断的正确，停车位设计也是考察的重点内容之一，车辆应该能开进去而不是排进去。**注意车道宽度、转弯半径**、车辆的进出方式，一般来说体车场面积应为每个车位35平方米左右。

正确表达出建筑内容、轮廓线、建筑层数、车位、车道、硬地、绿地等要素。建筑的主、次出入口，人行、车行、车库入口要标注。该建筑与周围建筑物日照和防火距离也要标注，还需**注意指北针、比例尺**等细节不要遗漏。

（三）平面图

功能分区一定要清楚，其既是内部关系的相互协调，又是外部环境的内在体现。**分区错误往往是常识性错误**，要注意平时多观察生活，多积累。考试时的分区错误多半发生在和外部环境的关系上，比如没考虑人流方向、景观、日照、噪声、运输条件等。还有一些常识问题，如教室注意南北向，画室、展室等应北向采光或利用天窗，大空间的报告厅不应放于偏僻处，应考虑对外交通关系和入口处足够的疏散空间等，这些都是评图时会考察到的地方。

公共建筑内部关系主要抓住**"公共业务、内部管理、后勤服务"**三大块的分配。住宅要注意**动静分区、洁污分区、干湿分区**，抓住**"点明、面阔、线短"**这六个字！

主要入口和交通空间处理是关键。比如门厅和主要交通节点的安排，除了效果图，最应该准备的就是这个部位的处理手法。建议在平时的学习过程中，通过模仿和练习，掌握一些定式化的手法，这类手法积累得越多，日后收益越大。交通节点起到引导人流的作用，在平面图中应表现出明确的方向感；垂直交通空间，楼梯、电梯及坡道应简洁通畅，要留出丰富的空间景观。

平面图中结构体系、轴网、模数的表达一定要清楚、合理。作为一个建筑师，结构和模数概念要是不清楚，麻烦就比较大了。**平面应是具有一定模数关系的网格系统**，不仅图面看上去感觉和谐统一，在实际工程中意义更为重要。各层平面结构一定要上下对得上，柱网规则、整齐，平时注意练习各类结构的表达方式，常用的有框架、框剪、框筒、剪力墙、钢结构等结构形式的画法。建筑形体不要过于复杂，除非水平很高，能够驾驭，或者有充分的套用方案准备，否则不要冒险，因为这样方案难度和制图难度都会大大增加。若要用的话，也要安排在无关紧要的空间和功能布置，尤其是内部**主要结构尽量少用曲线和弧线**，便于结构的布置。注意大空间在建筑形体中的位置，以及空间等级的区分和布局，这涉及功能的合理和形体的完整统一。

平面设计还必须符合功能和规范要求，**特别是防火规范的要求**。单个房间面积较大时，需考虑结构独置或置顶以及疏散要求。各层疏散门向外开，特别注意封闭楼梯间各层防火门和首层防火门**开启方向不一样**。2000m²以下的建筑楼梯间一般不多于4个（特殊需要除外），卫生间不多于3个，楼梯间和卫生间合并设置时位于入口或建筑端部，位于入口时宜**与人流进入方向一致**，尽量不使楼梯中间平台正对大厅和入口。分开设置时常位于各主体功能之间，形体上可做凹进处理。洗手间的位置，既不能过于深入，也要适当隐蔽。楼梯间一般3m×6m左右，卫生间（男女合计）一般6m×6m左右，侧位门外开900mm×1100mm，内开应900mm×1400mm。有要求时还需进行无障碍设计、电梯设计和停车位设计。

平面图比例最好采用1：100或1：200，尽量不用1：150，同时注意图面比例正确，墙厚、柱子、门窗、家具、配景等比例要协调合理。可以准备方格网、坐标纸、面积板等辅助工具，提供尺度感。

线条要简练、有力。**外墙不一定画双线墙**，费时费力。建议采用粗黑线，窗用细双线，门用45°角双线段。上层悬挑的投影用虚线，在二层以上平面中若能看见屋顶，要将屋顶铺地同室内地面区分开来。

首层平面要考虑室内外不同地平的高差处理和标高标注，注意：**有高差必有标高！民用建筑入口必有台阶、坡道以及无障碍设计**，特别要注意**"上、下"**和箭头标注，应以平面标高为基准，首层一般以±0.000为基准。

尺寸标注非常重要，没有尺寸的图基本没有意义。平面图的尺寸标注应有两道尺寸，表示开间和建筑总长度。特别要注意标注方向，平时画图要养成按制图标准画图的习惯。尺寸、文字绝对**忌讳四边（转圈）标注！**尺寸、面积的控制在实际工程中极为重要，如能很清楚地标出两道尺寸，能显示出很好的工程设计素养。

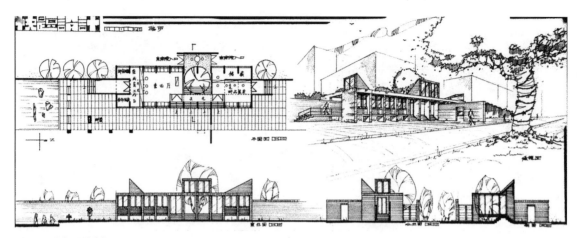

图4-2-1(骆可绘制)

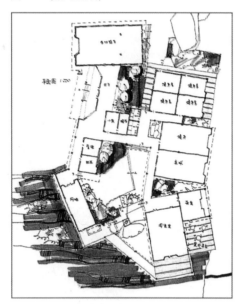

图4-2-2平面用环境挤出来

平面图中应注明各空间的使用功能和房间名称，**疏散门向外开启**，不要忘画指北针、剖切符号，标明主次入口、楼梯指针等细节。环境配景要有，最好是**用环境挤出建筑平面**来，提前设计好树、草、铺地、水面的画法。

（四）立面图

立面图最基本要求：比例正确且应与平面和效果图对应上，立面**要标注檐口标高**，或标总高尺寸，建筑形体的**外轮廓线和地平线应加粗**，并适当辅以简单的配景树和人。以上几项是保证立面图的大模样到位，然后再考虑细节和效果。

在保证表现图、首层平面图、总图表达充分的前提下，保证立面图的分量。**建议立面画阴影**，且光影关系应强烈，以利于显示虚实的关系、体量的凹凸与增减。立面同样可以**用环境重色挤出来**，这样处理形式感应较强，**多用虚实对比**，突出的片墙和框架，隔栅，遮光板，百叶窗以及各式的窗（横竖条窗，大小点窗，方窗圆窗，侧窗，天窗，高窗，玻璃幕等），注意突出门头、雨篷、檐口等细部的设计和重点勾画。立面排线和上色应体现材料的运用和质感。时间充裕时可以用文字标出立面材质（木，砖，石，涂料，铝板，玻璃，混凝土等），显得有设计，表达专业、充分。

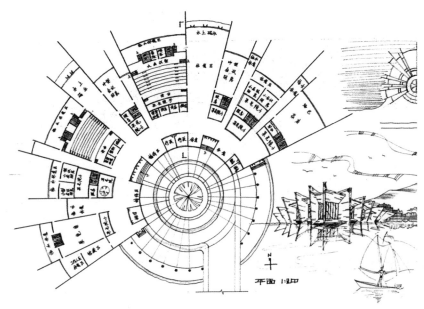

图4-2-3同心圆平面参考（骆可绘制）

（五）剖面图

剖面图体现建筑内部的空间关系、结构形式、建筑竖向和标高，应剖切在内部结构有变化，或空间比较有特色的地方。首先要**保证看不出结构错误**，并且要与平立面对应上，最好剖切到内部空间变化丰富的位置，比如上下贯通空间、采光屋顶、大跨度结构、错层、楼梯等。

剖面要把结构和重要构造交代清楚，梁柱断面和看线关系清晰，女儿墙、檐口要画到位，采光顶要画边梁、泛水，室内外高差必须明确。室内外高差，各层楼面、屋面，室内标高变化处要标出标高值。剖面图中**不宜画阴影**和材质表现，可以画配景人表达尺度，也可注明主要空间的名称。

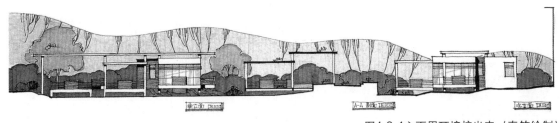

图4-2-4立面用环境挤出来（秦笛绘制）

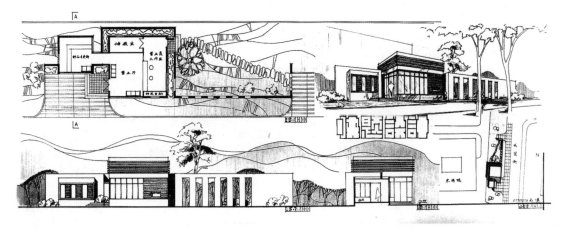

图4-2-5立面用环境挤出来（赵谦绘制）

（六）分析图、说明、指标

分析图是用来表达设计方案是怎样来的，怎样从基地各种条件中生长、推演出来的，以及各部分组合的关系，特别要注意分析图不仅应合理，而且**要表达出一定的逻辑关系**，主要从功能分区、交通流线、景观分析这几个方面来分析。

说明是用来表达创作者的意识、思想理念的。说明不要写长篇大论的套话，也不要不分段落地写一大堆，应突出重点，简明扼要。**建议采用若干简单句**，醒目地列出来，这样的表达最直接、有力，既省去了组织语言的麻烦，又使看图的人一目了然，效果很好。

技术经济指标必不可少，它的实际意义比分析图和设计说明大得多。由于学校在这方面训练和重视程度不够，对于在校生来说往往比较薄弱，有些人甚至连"容积率和建筑密度"，"建筑面积、使用面积、套型建筑面积"的区别和计算方法都分不清楚。殊不知在实际的工程设计中，技术经济指标是何等重要！设计师们每天就是在技术经济指标和设计规范之间的狭小

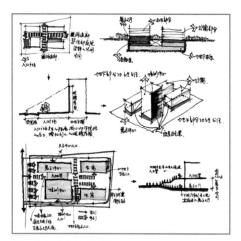

图4-2-6（宋波绘制）

地带发挥自己的创意的。因此，平时应有意识地认真练习、熟练计算，这样在考试设计时就能有效地控制尺度，计算时也会节省时间。住宅设计技术经济指标计算方法应学习《住宅设计规范》"3.5技术经济指标计算"相关内容，公建及商住建筑指标内容可参照表4-2-1内容。

在快速设计考试中，通过平面和指标的对应关系，能表明设计者有一定的控制能力。技术经济概念清楚就行，指标计算基本准确即可，不必像实际工程中那样精确。

（七）表现图

如果说其他图纸有一定的程式化、程序化因素的话，表现图则是集中表达设计意图，尽现个

公建及商住建筑指标表　　　　　　　　　　　　　　　表4-2-1

技术经济指标			
总用地面积（ha）			
总建筑面积（m²）			
地上建筑面积（m²）	住宅		%
	商业		%
	配套		%
地下面积（m²）			
容积率			
建筑密度		%	

续表

技术经济指标		
建筑高度（m）		
绿地率	%	
停车数（辆）	地上	总计：
	地下	
自行车库（场）面积（m²）		
住宅户数（户）		
住宅平均层数（层）		
住宅人数（每户3.0人）		
人口毛密度（人／ha）		
住宅面积毛密度（m²/ha）		

性和能力的环节。轴测图比较好求，但是鸟瞰角度的轴测图，配景不好处理。透视图背景是天，故比较方便绘制。求透视时畸变不宜过大，不要为了求"异"而影响了建筑的表达，要记住**效果图不是最终目标**，建筑建成才是终极目的。

　　水平较高的考生可考虑采用自己最擅长的表达方式。**水平一般的考生应尽量隐藏和弱化自己的弱点**，可考虑采用钢笔线条白描，主要表达素描关系，稍加阴影，交代清楚即可。如果用马克笔画建筑透视，把明暗关系区分出来就可以了，再以素描的方法把层次退出来，觉得不够就再用彩铅继续润色。**把表现图的色彩加在环境上！尽量不要给建筑上假想外立面颜色！费力不讨好。**

　　（八）其他需注意的考试问题

　　● 图纸应完整，画完是第一位的，最忌缺图！各张图见好就收，先解决"有无"问题，再保证不出大错，最后才是"好坏"问题。所有内容都完成后，如有时间进行统一修整。

　　● 设计不要标新立异，不要拿快速设计考试当作实验，没有意义，风险大收益小。

　　● 不要犯常识性错误，比如：建筑出红线，日照间距不够，结构怪异导致造价失控，存在事故隐患、防卫隐患等等。

　　● 在快速设计中一些小问题往往容易被考生忽略，会对成绩造成影响。比如图名、指北针、比例尺、剖切号等忘记画了，都会给评委留下不好的印象。最好在事前对于一些小细节提前写下来，在最后留5分钟检查（见表4-2-2）。

　　● 图纸中需要说明的地方最好用等线体或仿宋体书写，如时间不够应尽量采用楷体，避免字

时间-任务分配表（以8小时为例）　　　　　　　　　　　表4-2-2

时间	程序	要点	备注
8：30—9：00	审题	读任务书，审视地形图，勾画重点，画结构性分析草图。搞清性质、功能、环境，潜在条件和暗示	期间可以做画图框等杂事
9：00—10：00	构思 立意	构思空间逻辑关系，形象和形体文化联想。决定总平、空间的布局和形式	计算面积和体量，随手画草图，注意比例关系
10：00—10：30	定案 放样	2小时内方案必须敲定！图面排版定案；正式图纸铅笔放样，确定模数，画柱网	要直接在正式图上画，H级铅笔不脏图
10：30—11：30	细部 深化	关键部位空间处理，决定透视表现重点细节和角度	边设计边勾画局部平面草图和透视草图
11：30—14：00	正式图	百半面图－各层平面图－总平面图－立面图－剖面图－分析－指标－说明；线条和色彩要简练有效，图面清晰有力度，统一是关键	建议：各张图先有基本内容，别空着，文字标注尽量全，以备不测，随时可以交图。期间画累了可以休息10分钟，补充饮食
14：00—15：30	透视图	抓住近处转折点重点刻画，上色顺序由浅至深，大面积颜色用复色	一切按照既定方案，不要产生怪念头
15：30—16：00	整理	完成分析－指标－说明，标题、图号等，图面整体调整。分析图颜色要鲜明，文字要规矩	整体调整，局部修饰，加一些配景、阴影，及一些出彩的东西
16：00—16：30	检查	拾遗补漏，核对任务书和检查单，按要求写名字和编号。下板裁图	

迹潦草。字体难看必定影响成绩,事先进行针对性练习很重要。标题文字可以事先准备,考试时拓上去,但是不要拼贴。

· 注意一定要表达有效的线,在有效的线基础上进行美化。铅笔辅助线不必擦干净,可以保留。

· 强烈建议用尺规画图! 特别是用一字尺和三角板画建筑中的长直线,线条相交处适当出头,这样画速度快,且效果好,显得精神、帅气。短线、曲线、配景可用徒手,能显示一些建筑修养。

· 平衡(协调)能力很重要,各部分设计深度要平衡,各张图表现深度要平衡,给人感觉是一整套图,不能有轻有重,悬殊太大。

· 图纸整体效果抓住一个原则:要加色彩,就整套图纸全部加,不要一个部分有,一个部分没有。而且上彩的深度要一致,同浅同深! 根据题目的要求,若要用颜色的,尽量采用色块,颜色不宜多,表达要扬长避短,运用个人擅长的手法。

· 尽量早点进入考场,一般设计院考试不规定具体位置,可以选择自己感觉舒服,干扰较少的位置,把工具放好,做好早期准备工作,千万不要迟到,慌慌张张的,自己会紧张,也可能遭到批评,会影响情绪和发挥,容易忙中出错。

· 调整好心态,不要带着负担和压力进行考试,否则必定发挥不好。一要头脑清醒,降低对考试成绩的期望值;二要进入创作状态,就像演员在台上一旦入戏了就不紧张了;三要做一切使自己心情好的事,比如喜欢听音乐画图的,只要不禁止戴耳机,就可以听,需要吸烟的也可准备。

(九)时间控制

快速设计考试最容易时间失控,一不小心就会画不完,这是第一大忌。因此时间控制平时一定要练习,否则临场必出问题! 每个人都有自己做方案、画图的习惯顺序,不必强求,但是一定要有计划,考试前严格按自己的程序练习,考场上顺序不能乱。可以参照下面给出的"时间-任务分配表",根据自己的习惯准备一份,以备使用。

(十)检查单(可根据个人情况增减项目)

检查单　　　　　　　　　　　　表4-2-3

	图名	比例	层数	指北针	入口	红线	停车场	
总图	道路	阴影	绿化					
	图名	比例	标高	指北针	入口	尺寸	楼梯、台阶	
							箭头	标注
平面图	空间名称	剖切号	无障碍					
	图名	比例	标高	阴影	轮廓线	投影线		
立面图								
	图名	比例	标高	阴影	轮廓线	投影线	女儿墙、梁	
剖面图								
	图名	功能	绿化	交通				
分析图								
指标								
说明								
		图名						
透视图（轴测图）								
	图1	图2	图3	图4				
名字编号								

第五章 面试注意事项

　　建筑入职考试不仅仅是考快速设计，面试也是其中重要的一环。尤其是近几年，面试考试通不过就无法参加笔试，其在整体中所占的权重越来越大，如上海现代建筑设计集团已经把职业心理测试添加到建筑入职考试当中。从用人单位的角度讲，固然希望能够招到设计水平较高的考生，但也需要衡量该考生的职业适合能力、发展潜力、人际关系相处融洽程度等，这些在笔试中是无法反映的，只有通过面试才能体现，因此考生也不能放松对于面试的重视。加强与用人单位的熟悉程度是考生通过面试的重要途径，如有可能，建议考生可先到报考单位实习一段时间，既**避免盲目报考的危险**，也给报考单位一个熟悉考生能力的机会。

一、了解求职单位

　　知己知彼，百战不殆，战前的**信息收集和掌握**是非常重要的。考生应对报考单位有一定的了解，起码应知道报考单位的历史、重要人物、主要作品、主要设计方向、组织架构等。建筑学专业性强，可以充分发掘老师、同学、校友、亲属和朋友关系，了解报考单位，掌握招聘信息。全国主要设计院和公司都有自己的网站，面试前一定要看一下，上面有很多有用的内容，包括近期该单位发生的大活动、大工程，以及招聘的相关信息。

二、面试问题准备

　　一般来说面试主要会从考生专业能力、协作能力、心理承受能力、应变能力以及对单位的态度等几个方面来考查。考生应从自身出发，实事求是地分析自己的优缺点，并**结合以往的学习和工作经验**进行陈述。尤其应注意用人单位对考生哪方面感兴趣，考生可对用人单位作出何种贡献等方面详细论述。下面列举几个在面试中常会考到的问题。

　　专业能力方面：请你简单介绍一下你所做过的感觉最成功的设计？

　　协作能力方面：如果工作任务很重，需要加班，而与你合作的同事不喜欢加班，你会怎么处理？（所有单位都会说自己的工作重）

　　心理承受能力：到我单位来求职的优秀人才很多，你可能没有什么优势，如果不能被录用，请问你接下来有什么打算？

　　应变能力：请你简单地讲一下你到目前为止遇到的最大的困难，你是怎么处理解决的。（准备好自己的朴实的故事，以作谈资）

　　对用人单位的态度：我们单位可能在收入和待遇上比较差，也不可能提供住房，你能够接受吗？（没有单位会说自己的待遇好）

　　在回答这些问题时，考生需注意一定要实事求是，否则很可能在众多的问题中自相矛盾，让考官觉得考生不够诚实。退一步讲，如果考生不能诚实对待，即使进了该单位也未必能够适应，所以考生应本着双向选择的态度，坦诚以对。

三、举止、礼貌、仪表

不同于公务员等机关工作人员的仪表形象，一般设计单位在仪表没有硬性的规定，但是在以下几个方面也需要注意：仪表大方，举止得体。穿着前卫、浓妆艳抹，尤其男生戴戒指、留长头发等标新立异的穿着与装饰不太合适，给考官的印象也不太好。考生入座以后，尽量**不要出现小动作**，如晃腿、玩笔、摸头、伸舌头等，容易给考官一种不成熟、不庄重的感觉。一般说来，着装打扮应求端庄大方，可以稍事修饰，男生可以把头发吹得整齐一点，皮鞋擦干净一些，女生可以化个淡雅的职业装，总之，应给考官一种自然、大方、干练之感。

在面试过程中举止礼貌也要注意。考场上，相当一部分考生不能很好地控制自己的情绪，容易走向两个极端：一是自卑感很重，觉得坐在对面的考官都是博学多才，回答错了会被笑话。所以畏首畏尾，不敢畅快地表达自己的观点，茶壶里煮饺子，肚里有货却"倒"不出来。当然，与此相反的一种情况则是，有些考生在大学里担任过学生会干部，组织过很多活动，社会实践能力很强，也统率过一帮子人，所以很自信，进入考场，如入无人之境，压根不把考官放在眼里，觉得对方还不如自己。这两种表现都要不得，都会影到考生的面试得分。最好的表现应是，平视考官，彬彬有礼，不卑不亢。应树立三种心态：**双方是合作不是比试**。考官对考生的态度一般是比较友好的，他肩负的任务是把优秀的人才遴选到用人单位，而不是为与考生一比高低而来，所以考生在心理上不要定位谁强谁弱的问题，那不是面试的目的。**考生是求职不是乞职**。考生是在通过竞争，谋求职业，而不是向考官乞求工作，考中与否的关键在于自己的才能以及临场发挥情况，这不是由考官主观决定的。**考官是人不是神**。考官一般都具有较高的学历和多年的工作经历，理论水平较高，工作经验也比较丰富。但他们毕竟是人，不是神，虽有其所长，但也自有其所短，说不定你所掌握的一些东西，他们不一定了解多少。

四、面试中的禁忌问题

（一）忌面试过程中的不良思维

语言是思维的体现，同时也能流露出个人的素养和见识，建筑师语言能力是非常重要的，说话不经思考是在社会上与人交往的大忌，必定会影响日后工作，用人单位会由此留下不良印象。面试中常见以下几种问题：

急问工资报酬。工资报酬是考生所关心的一个重要的方面。谈论工资报酬无可厚非，笔者的意见是想进入国有大设计院**不必问，也不要问**！如果想了解，通过朋友侧面打听即可。对于设计公司必须要落实，提这个问题要看准时机，一般在双方已有初步的意向时，再委婉提出。如果询问工资操之过急的话，便会起到适得其反的效果。

回答问题不合逻辑。如当考官请你讲一次自己的失败经历时，有些考生为了给考官一个好的印象，往往回答自己不曾失败过，这是不合逻辑的。当考官再问有何优点时，也有部分考生这样回答，我可以胜任一切工作，这更是不切实际的。这样的回答都会使主考官感到考生太过于自负，下一个该考生不适合所招聘职位的定论。

本末倒置的提问。例如一次面试快要结束时，主考官问面试者：请问你还有什么问题需要问我们的吗？面试者这样发问：请问你们单位有多大？竞聘比例有多少？考生参加面试一定要把自己的位置摆正，像这样的回答就充分说明它并没有将自己的位置摆正，提出的问题已经超出了应当提问的范围，使主考官产生了反感。

（二）忌面试过程中的不良习惯

面试时，个别面试者由于不拘小节，因而破坏了自己的形象，使面试的效果大打折扣，甚至失败。面试中应注意的日常习惯主要有：

手。这个部位最易出毛病。如双手总是不安稳，忙个不停，做些玩弄领带、挖鼻、抚弄头发、掰关节、玩弄考官递过来的名片等动作。

脚。脚易出现的动作有：神经质般不停地晃动、前伸、翘起等。这些小动作不仅人为地制造紧张气氛，而且显得心不在焉，相当不礼貌。

背。哈着腰，弓着背，整个儿一个现代版的"刘罗锅"。这样的坐姿如何让主考官对你有信心？

眼。或惊慌失措，或躲躲闪闪，该正视时，却目光游移不定，给人缺乏自信或者隐藏不可告人秘密的印象，容易使主考官反感；另外，死盯着主考官的话，又难免给人压迫感，招致不满。脸或呆滞死板，或冷漠无生气等，如此僵尸般的表情怎么能打动人？要记住，一张活泼动人的脸很重要。

总之，面试时这些坏习惯一定要改掉，并自始至终保持斯文有礼、不卑不亢、大方得体、生动活泼的言谈举止。这不仅能大大提升自身的形象，而且往往使成功机会大增。

（三）忌面试过程中的不良态度

凡参加面试的人，不管你素质如何，水平高低，一定不要忘记自己是在接受用人单位的挑选，以下态度应当注意：

忌目空一切、盛气凌人。有的考生各方面条件也较优越，于是就恃才傲物、目空一切。面试中态度傲慢，说话咄咄逼人。一是当自己的回答主考官不够满意或进行善意引导时，常强词夺理、拼命狡辩，拒不承认错误；二是总想占据面试的主动地位，经常反问主考官一些与面试内容无关的问题，如用人单位住房条件如何？自己将担任何种职务？好像用人单位已决定录用该考生。

忌孤芳自赏、态度冷漠。有的面试者平时性格孤僻，对人冷淡、心事较重，并把这种个性带进了面试考场。面试中表情冷漠、不能积极与主考官配合，缺乏必要的热情和亲切感。岂知所有用人单位的领导都希望自己的工作人员能够在工作中和睦相处、与人为善、团结互助、使人感到轻松愉快，这样才能提高工作效率。即使考生平时性格孤僻，在面试的过程中，也要加以克服，否则气氛一定很沉闷，回答机械呆板，这样入选的机会会降低。

（四）忌面试过程中的不良表现

不良表现有很多种，在这里笔者仅列出一些易出现且常出现的不良表现供考生参考：

(1)**忌不打破沉默。**面试开始后有时会出现"冷场"局面，面试者不善于言辞，而等待面试官打开话匣。面试中，考生又出于种种顾虑，不愿主动说话，结果使面试出现冷场。即便能勉强打破沉默，语音语调也极其生硬，使场面更显尴尬。实际上，无论是面试前或面试中，面试者主动致意与交谈，会留给面试官热情和善于交谈的良好印象。

(2)**忌准备不充分。**无论你学历多高，资历多深，工作经验多丰富，当面试官发现应聘者对申请的职位知之不多，甚至连最基本的问题也回答不好时，印象分自然大打折扣。面试官不但会觉得应聘者准备不足，甚至会认为他们根本无志于在这方面发展。所以，面试前应做好充分的准备工作。

第六章 设计及试题实例

一、快速设计实例

本书选录了部分高校学生快速设计实例，这些实例都是在4-8小时实战状态下完成的，总体上代表了近年在校学生的中上等水平。各位读者可以参照这些实例，对自己的快速设计能力进行评估，并可从中获取有益的信息。

（一）某会议中心规划与建筑设计

1．设计任务

某单位拟在该市郊区兴建会议中心一座，供本单位短期集中开会和度假之用，并可对外出租使用，该会议中心占地1ha，总建筑面积为6540m²。其中只需设计公共活动部分的单体计1400m²。

2．基地条件

该用地地处郊区干道之东侧，隔50m树林与湖面相邻，基地宽60~70m，长150m，内有若干名贵树木、灌木及顽石需保留。在用地东南有一景观极佳的湖中岛。湖岸北段地势较缓，南段湖岸陡峭（详附图）。

3．项目内容

    1）会议部分：1500m²

    2）餐饮部分：800m²

    3）公共活动：1400m²

    (1)多功能厅200m²　　(2)小活动室4×40m²

    (3)阅览室120m²　　(4)健身房120m²

    (5)桌球室120m²　　(6)茶室60m²

    (7)网吧60m²　　(8)小卖部30m²

    (9)管理15m²　　(10)贮藏15m²

    (11)卫生间2×15m²　　(12)其他470m²

    4）住宿部分：2600m²

    5）行政部分：240m²

4．设计要求

    1）紧密结合用地环境条件，充分考虑景观要求。

    2）做好"公共活动部分"的单体设计。

5．图纸要求

    1）总平面1:1000

    2）公共活动部分各层平面。l:200

    3）公共活动部分立面(2个)。l:200

    4）公共活动部分剖面(1个)。l:200

    5）透视表现方法不拘

6．时间：8小时

附地形图

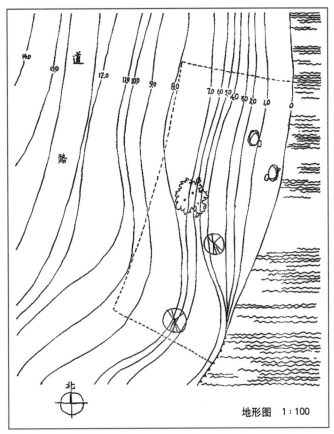

图6-1-1

作品展示：

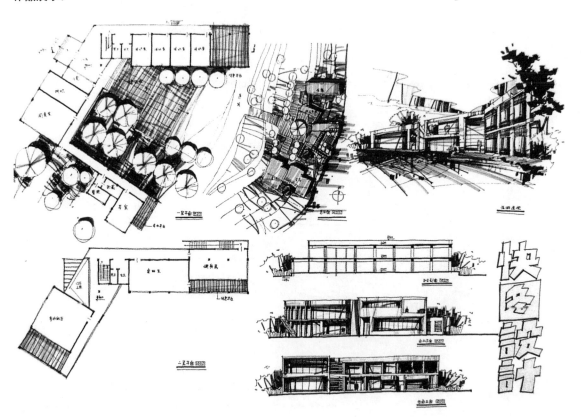

图6-1-2（谭亮绘制）

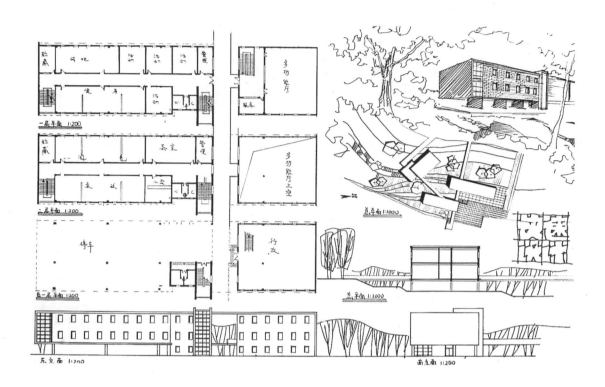

图6-1-3（顾越绘制）

图6-1-4

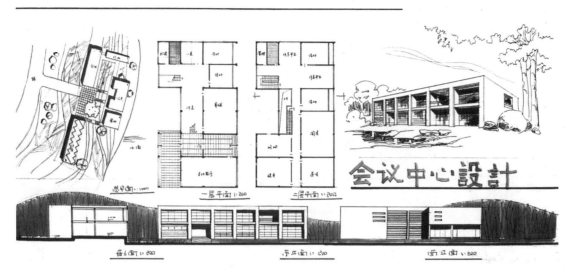

图6-1-5

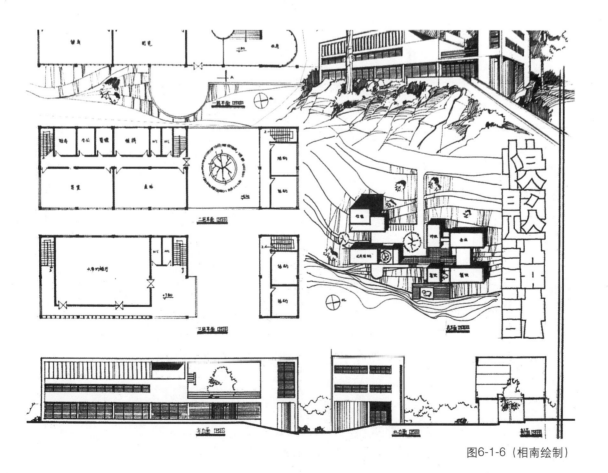

图6-1-6（相南绘制）

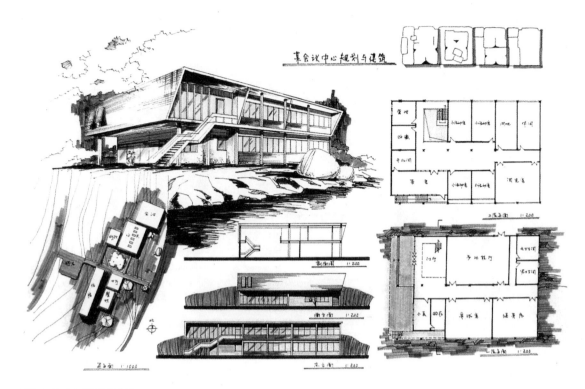

图6-1-7（窦平平绘制）

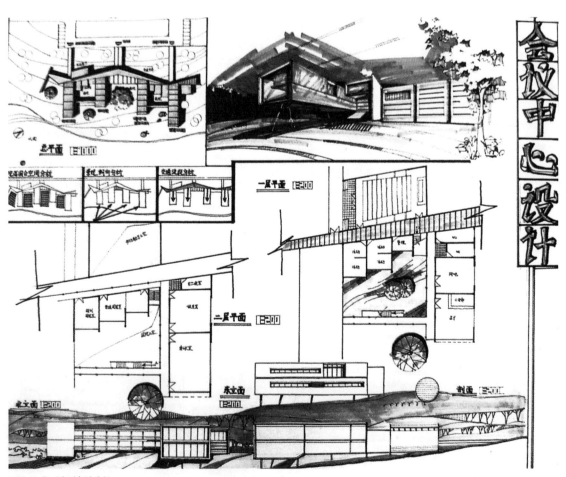

图6-1-8（郭健绘制）

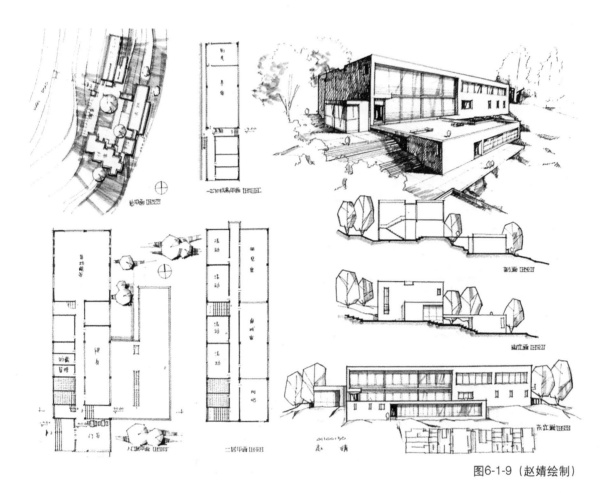

图6-1-9（赵婧绘制）

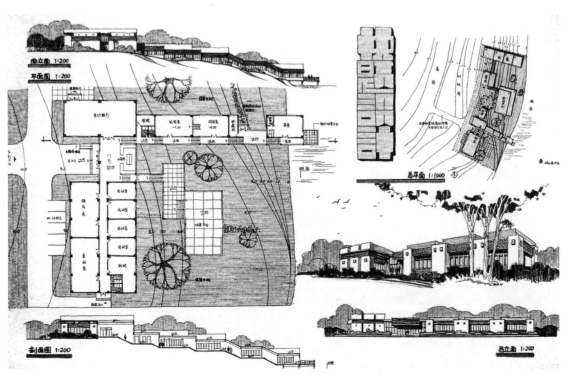

图6-1-10（孟媛绘制）

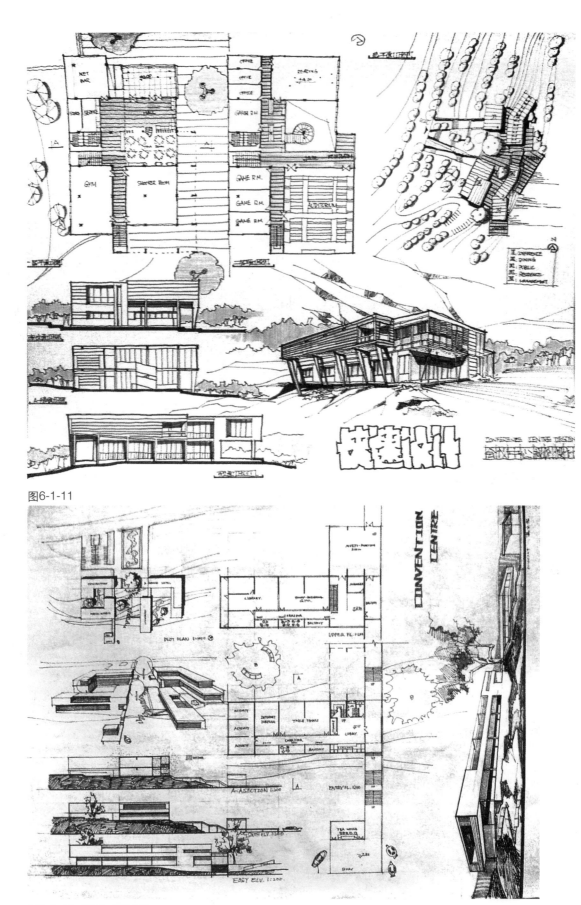

图6-1-11

图6-1-12（莫文虎绘制）

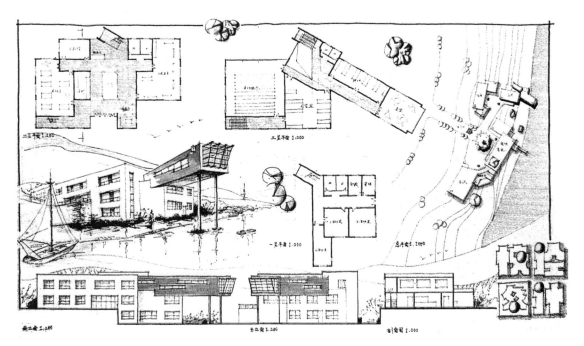

图6-1-13（沈阳绘制）

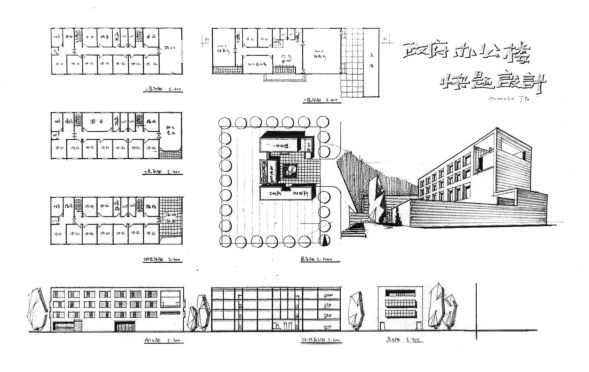

图6-1-14（丁庆绘制）

（二）江苏某镇政府规划与建筑设计

江苏某镇为适应经济发展，在镇西开发区迁建镇政府．用地为长方形，面积约2ha，东西宽130m，南北长154m，东临规划干道．用地位置距道路红线25m，其间为绿化带，地势平坦。

1．设计任务

用地范围内建政府办公楼一幢，建筑面积约3600m²，层数4～5层．辅助楼一幢800m²，以2层为主．镇财政所和土地管理所各建一幢办公楼，每幢建筑面积800m²，以2层为主．总建筑面积为6000m²。

2．设计内容

1）镇政府办公楼(3600m²)

（1）办公楼

①2～4层每层一套80m²左右的办公室，内含办公、接待、休息(设卫生间)各一间

②按40m²标准设计办公室，内含办公、休息各一间．其中二层5套、三层3套、四层2套

③2～4层各一间接待室

④文书、档案各一间

⑤其余为标准办公室

(2) 会议室

①300人大会议室一个　②100人中会议室一个

③50人小会议室二个(其中一个设在三层)

(3)图书室，面积自定

(4)陈列室，面积自定

2）辅助楼(800m²)

(1)食堂　(2)客房

①大餐厅(10桌)　　　①套间1个

②中餐厅2个(各2桌)　②标准间4～8个

③小餐厅2个(各1桌)　③活动室：100m²

④厨房

3）财政所(800m²)

(1)所长40～50m²，内含办公、休息(设卫生间)各一间

(2)副所长3间各30m²，内含办公、休息各一间

(3)普通办公室若干间

(4)中会议室(50人)一个

(5)小会议室(20人)一个

(6)值班室

4）土地管理所(800m²),内容同财政所

5）车库(10个车位)

3．设计要求

1）合理进行用地规划，各建筑形成有机整体

2）做好环境布置，大门口设门卫和信访接待室

3）做好镇政府办公楼单体设计

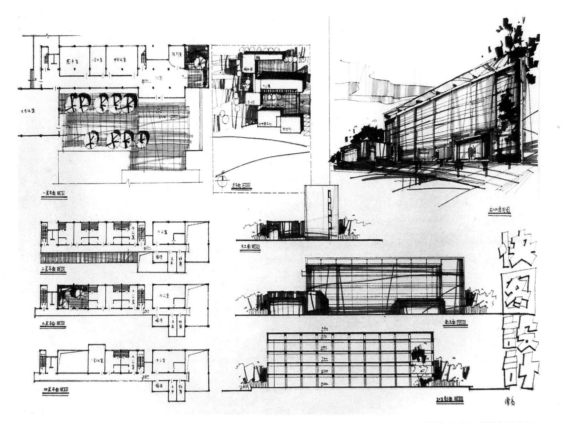

图6-1-15（谭亮绘制）

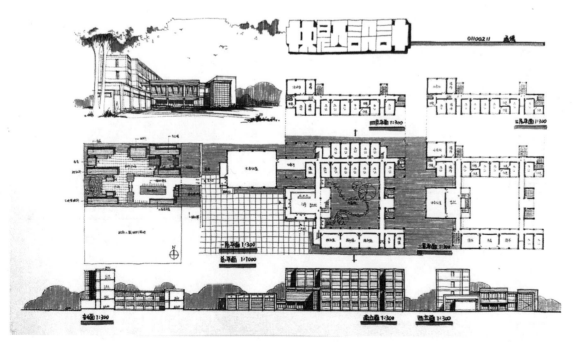

图6-1-16（孟媛绘制）

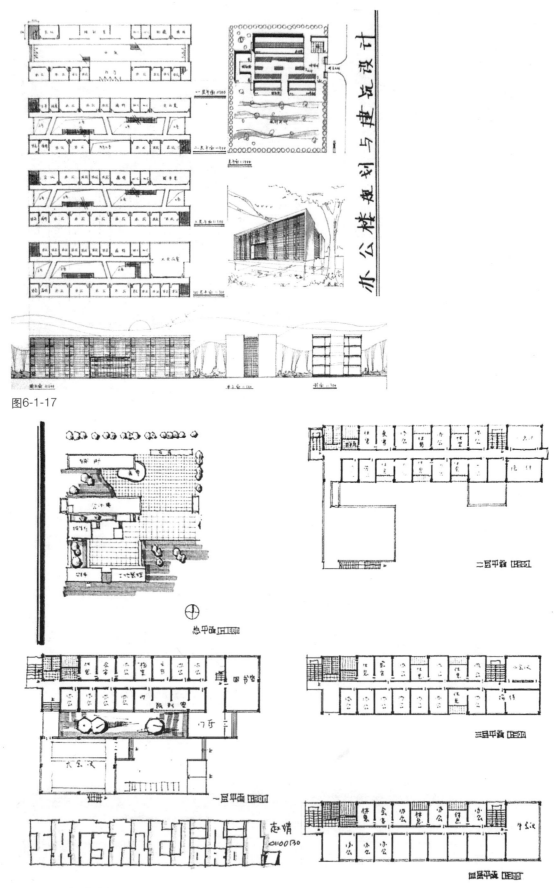

图6-1-17

图6-1-18（赵婧绘制）

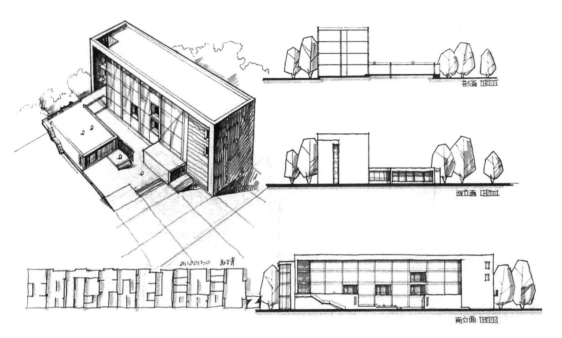

图6-1-19（赵婧绘制）

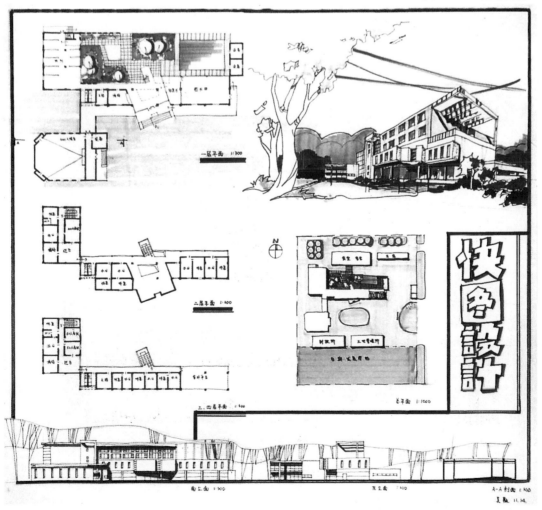

图6-1-20（吴薇绘制）

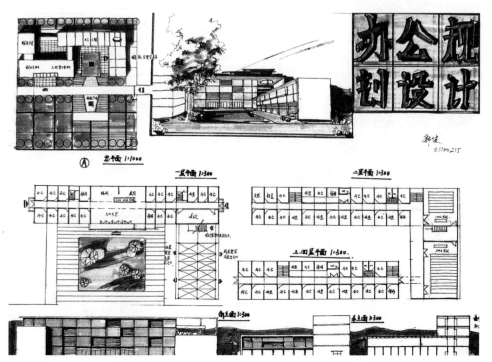

图6-1-21（郭健绘制）

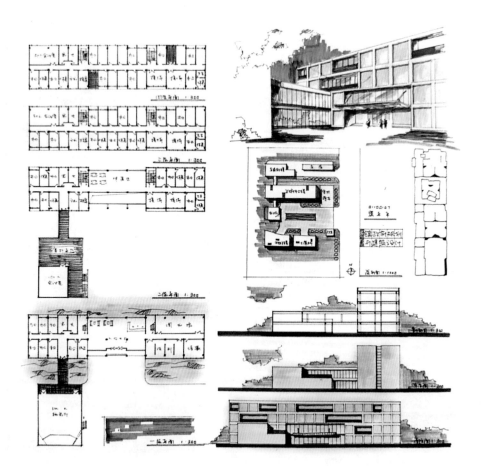

图6-1-22（窦平平绘制）

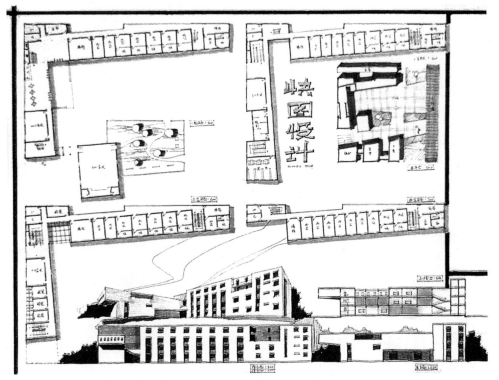

图6-1-23

图6-1-24（刘芳绘制）

4．图纸要求

1）总平面1：1000 2）各层平面1：200 3）立面(2个) 1：200

4）剖面(1个) 1：200 5）透视表现方法不拘

5．时间：8小时

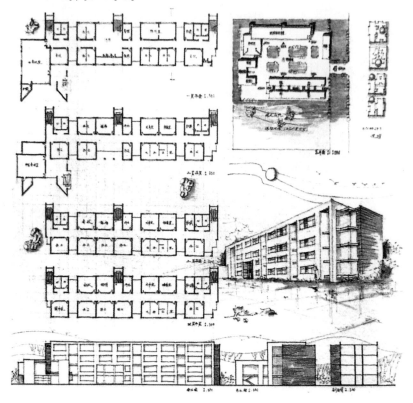

图6-1-25（沈阳绘制）

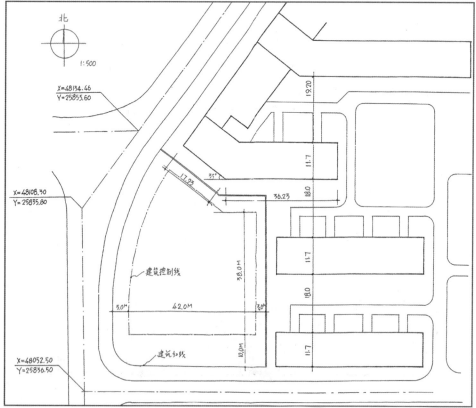

图6-1-26

作品展示：

（三）小区售楼服务部设计

正在建造的南方某住宅小区，为配合售楼需要，决定近期建一座售楼服务部，待小区住宅全部售出后，经扩建、改造可作为小区文化站之用，其用地详附图，总建筑面积为500m²。

1．设计内容

　　1）售楼区280其中：

　　(1)住宅小区模型陈列: 180m²

　　(2)图片展览：50m²

　　(3)洽谈：50m²

　　2）经理室：18m²

　　3）会计室：18m²

　　4）办公室：18m²

　　5）厕所：男女各一个蹲位

2．设计要求

　　1）规划布局应考虑远近期结合，售楼期间应考虑4辆机动车和15辆自行车停放

　　2）做好近期室外环境设计

　　3）造型新颖

3．图纸要求

　　1）总平面1：500

　　2）平面1：200

　　3）立面(2个)1：200

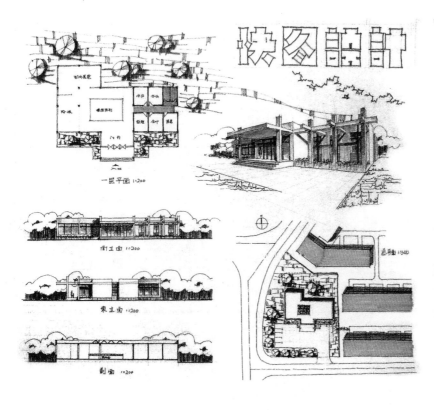

图6-1-27

    4）剖面(1个)l：200

    5）透视表现方法不拘

  4．时间：6小时

（四）某职教中心多媒体教学楼

1．任务：

  某职教中心为适应教育事业发展的需要，拟在校园内增建一座多媒体教学楼，其用地（见附图）在校园广场东侧，与校园入口广场西侧的图书馆行政楼相对，校园入口广场北侧为主教学楼。该用地东侧为运动场区。

  2．要求：

    1）做好环境设计，最终形成完整的校园入口广场

    2）组织好校园内的人流

    3）保持校园建筑风格的统一

  3．内容：

    1）多媒体教室：$2 \times 120m^2$

    2）普通教室：$9 \times 70m^2$

    3）阶梯教室：$360m^2$

    4）办公：$3 \times 30m^2$

    总建筑面积：$2200m^2$

    4）剖面(1个)l：200

  4．图纸：

    1）总平面1：100

    2）各层平面1：300

    3）立面（2个）1：300

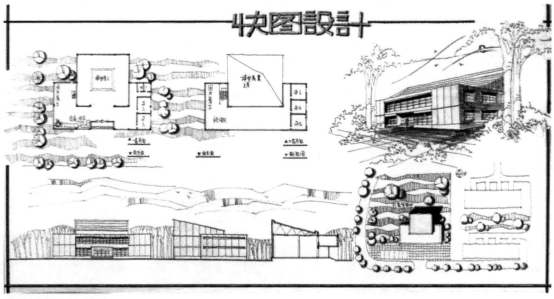

图6-1-28

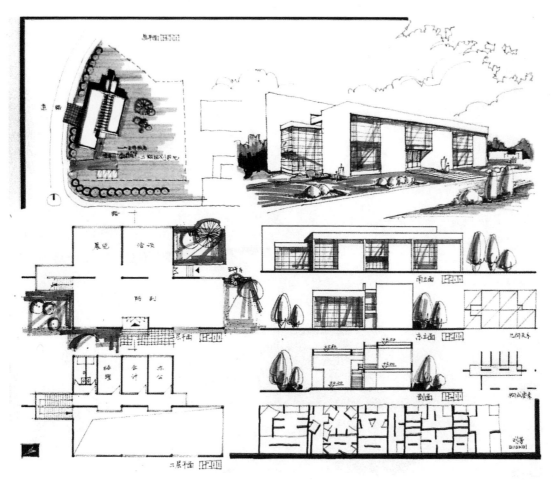

图6-1-29（刘菁绘制）

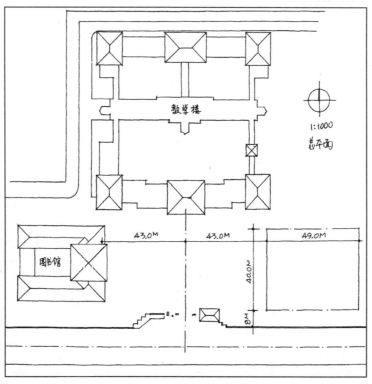

图6-1-30

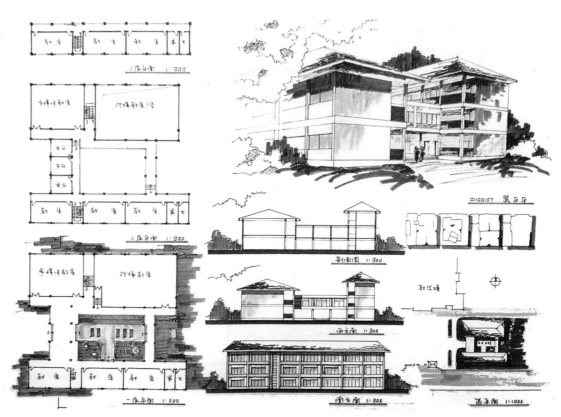

图6-1-31（窦平平绘制）

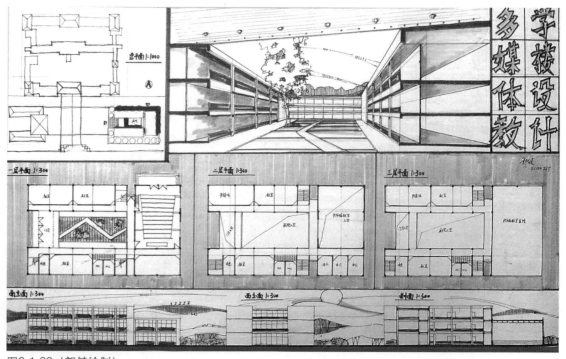

图6-1-32（郭健绘制）

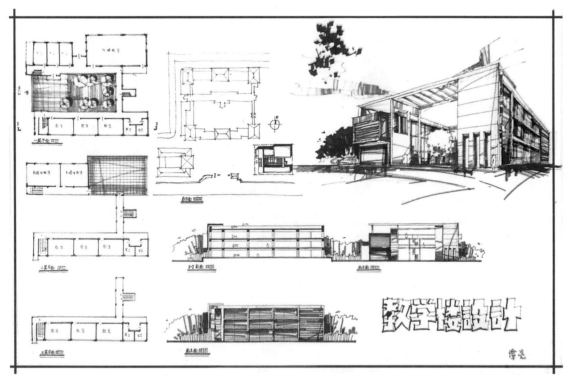

图6-1-33（谭亮绘制）

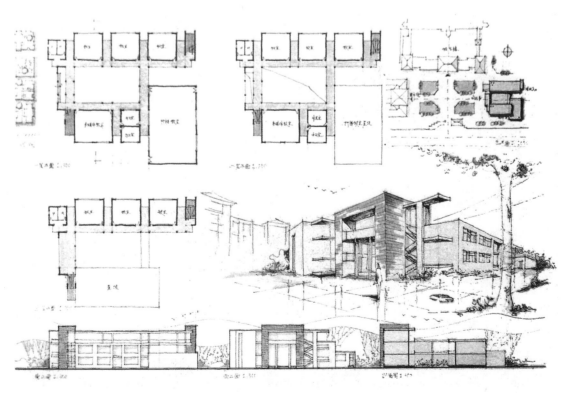

图6-1-34（沈阳绘制）

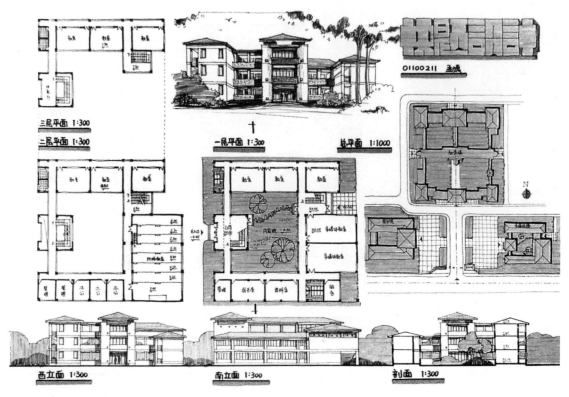

图6-1-35（孟媛绘制）

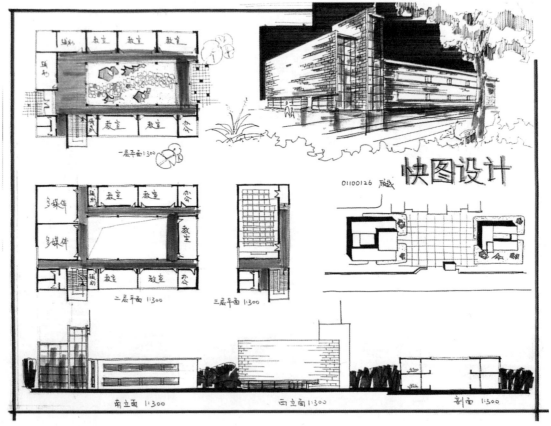

图6-1-36（顾越绘制）

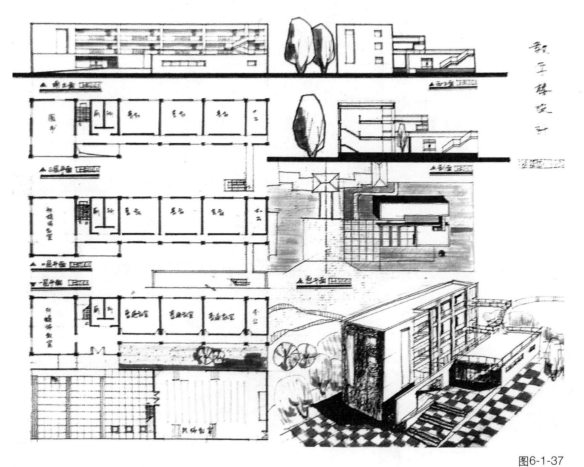

图6-1-37

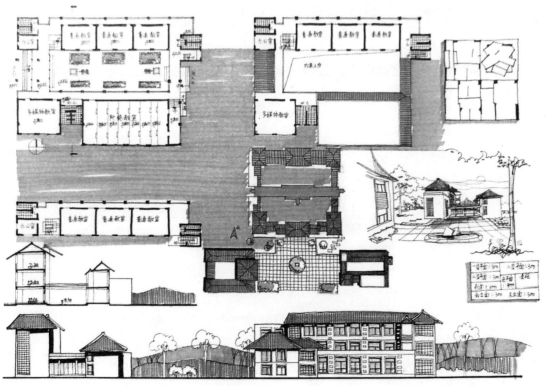

图6-1-38

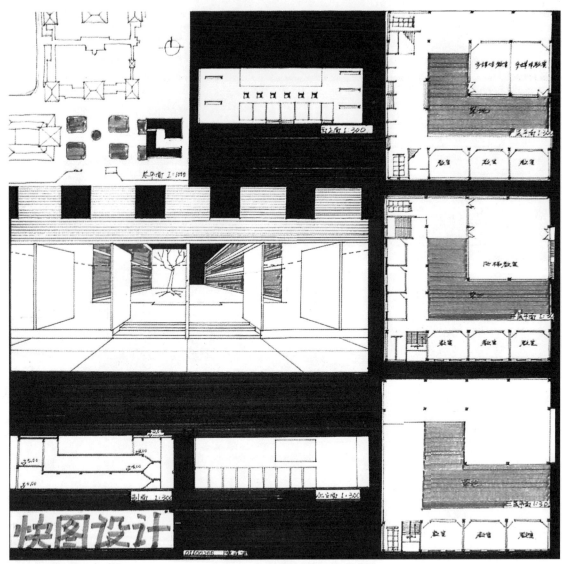

图6-1-39

    4）剖面（1个）1：300

    5）透视图

  5．时间：8小时

二、设计院试题实例

    （一）文化中心项目设计任务书

  1．项目概况

    建设用地位于北方某城市区中心广场西侧，规划路以东，政府街以北，广场西路以西，规划路以南，用地面积4.45ha。

    根据市区控制性详细规划的相关内容，此块用地的控制性指标为：建筑密度<28%，容积率<1.2，绿化率>25%，限高<24m；北、南、西、东退线距离分别为3m、15m、3m、5m；小汽车泊位300个。

　　拟建项目为文化中心，是根据近期建设规划需要，为完善城市功能，增强地区的吸引力和活力而设定。

　　文化中心初步确定包含文化馆、图书馆、规划展览馆等几大块功能组成。

　　2．项目面积构成

　　文化中心总建筑面积：46000m²，其中：地上部分面积：36000m²，地下部分面积：10000m²。文化中心分为文化馆、图书馆及展览馆三部分，规划设计为相互独立，又紧密联系的建筑组群。文化馆要求做单体方案设计，图书馆及展览馆仅作规划和体块设计。

　　1）文化馆

　　主要用于美术、器乐、书法、科普等方面的教育及活动，总建筑面积：12000m²，其中：

　　（1）综合活动部分：900m²

　　综合活动室：5间100m²小活动室，2间200m²大活动室，用于多种综合文化活动的开展。

　　（2）科普活动部分：1900m²

　　科普教室：5间100m²小教室，共500m²，用于科普教育的开展。

　　科学实验室：5间100m²小教室，2间200m²大教室，共900m²，用于科学实践活动。

　　电脑活动室：5间100m²小教室，共500m²。

　　（3）书法绘画部分：1000m²

　　书法活动教室：4间小教室，共400m²，用于书法活动的交流与普及。

　　美术活动教室：4间100m²小教室及1间200m²的大教室，共600m²，用于群众美术活动的开展及普及。

　　（4）器乐表演部分：1000m²

　　器乐室：500m²，为80～120m²的房间，内设储藏室。

　　表演室：500m²，为100～120m²的房间，内设储藏室及准备室。

　　（5）多媒体及报告厅部分：1400m²

　　多媒体教室：2间350m²，共700m²。

　　大报告厅：700m²。

　　（6）教师休息室：共800m²。

（7）贵宾接待部分：

包括贵宾厅、贵宾休息室及辅助用房等，共计约500m²。

（8）办公及管理用房：1500m²

（9）交通及服务面积：约2500m²

包括门厅、中庭、走道、卫生间等；门厅：约500m²。

2）图书馆

用于图书及期刊的借阅及专题讲座等的开展，总建筑面积12000m²。

3）展览馆

用于城市建设成果、城市发展及其他文化类展示，总建筑面积12000m²。

4）地下部分

包括地下车库、地下机房及地下人防等。三部分共用地下车库约有泊车位170辆，约7500m²，要求做出地下车库范围和出入口设计。

3．图纸要求

1）总平面图1：1000

2）文化馆各层平面I：200

3）文化馆立面(2个)I：200

4）文化馆剖面(1个)I：200

5）透视表现方法不拘

6）技术经济指标

7）设计说明不少于200字

8）图幅：A2（594mm×841mm）

9）时间：8小时（9:00～17:00）

4．地形图

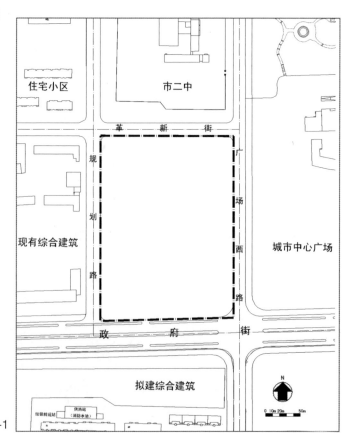

图6-2-1

附录

一、常用条文、指标

本部分截录、整理了一部分建筑快速设计中经常会遇到的规范条文和相关指标，供大家不断温习、熟悉，不能尽数列举，仅作查疑补漏参考之用。

1. 民用建筑设计通则

红线

道路红线是城市道路用地的规划控制线。建筑控制线是建筑物基地位置的控制线。基地通常应与道路红线相连接，一般以道路红线为建筑控制线。如因城市规划需要，主管部门可在道路红线以外另定建筑控制线。建筑物一般不得超出红线或建筑控制线建造。

相邻基地边界线的建筑与空地

建筑物与相邻基地边界线之间应按防火要求留出空地或通路。当建筑前后各自留有空地或通路，并符合防火规定时，相邻基地界线两边的建筑可毗邻建造。

建筑高度不影响邻地建筑最低日照要求。

除城市规划确定的永久性空地外，紧接基地边界线的建筑不得向邻地方向设洞口、门窗、阳台、挑檐、废气排出口及排泄雨水。

基地通路出口位置

车流量较多的基地（包括出租车站、车场）

距大中城市主干道交叉口自红线交点量起不小于70m；

距非道路交叉口的过街人行道（包括引道、引桥、地铁入口）边缘不小于5m；

距公交站台边不小于10m；

距公园、学校、儿童及残疾人建筑出入口不小于20m。

人员密集建筑的基地（影剧院、文娱、商业中心、博览）

至少一面直接临接城市道路，该路应有足够宽度以保证疏散时不影响正常交通；

基地沿城市道路的长度应按建筑规模或疏散人数确定，至少不小于基地周长的1/6；

基地应有两个以上不同方向通向城市道路的出口（包括以通路连接的出口）；

基地或建筑物主要入口应避免直对城市主要于道交叉口；

建筑物主要出入口前应有供人员集散用的空地，其面积与长宽尺寸应按使用性质和人数确定；

绿化面积和停车场面积应符合当地规划规定。绿化布置不应影响集散空地的使用，并不应设置围墙大门等障碍物。

电梯要求

电梯井不宜被楼梯环绕。

以电梯为主要交通的每栋建筑物或建筑物的每个服务区内乘客电梯不宜少于2台。

电梯不应在转角处紧邻布置，单侧排列不应超过4台，双侧布置不应超过8台。

候梯厅深度（B为轿厢深度）：

- 单台或单侧排列时，住宅电梯≥B；其他电梯≥1.5B；
- 多台双侧排列时，≥相对电梯B之和，并<4.5m（客梯）。
- 供轮椅用候梯厅≮1.5m×1.5m，不包括穿越候梯厅的走道宽度。

并道机房不宜与主要房间贴邻，否则应隔震、隔声。

自动扶梯起止平台深度应满足安装尺寸，留足人流等候及缓冲面积。扶手与平行墙面间、扶手与楼板开口边缘、相邻两平行梯扶手间水平距离不应小于0.4m。

楼梯要求

楼梯要考虑防火安全疏散、日常交通人流通过、搬运物件、轮椅或病床车通行需要，以及防滑跌、防坠落措施。

梯段净宽按每股人流0.55m＋(0～0.15m)计算，并不应少于2股人流。

梯段改变方向时，平台扶手处最小宽度不应小于梯段净宽，有搬运大型物件需要时适量加宽。

每个梯段踏步一般不应超过18级，不应少于3级。

楼梯平台上下过道处净高不应小于2m，梯段处净高不应小于2.2m。

楼梯至少一侧设扶手，三股人流时两侧设扶手，四股人流时加中间扶手。

扶手高不宜小于0.9m，梯井一侧水平扶手长度超过0.5m时，高度不应小于1m。

有儿童使用的楼梯，梯井净宽大于0.2m时要采取安全措施（防坠落安全措施同栏杆的要求一样）。

弧形楼梯离内侧扶手0.25m处踏步宽不应小于0.22m。

台阶要求

室内台阶踏步数不应少于2级。

供轮椅使用的坡道坡度不应大于1:12，且两侧应设0.65m高扶手，地面应防滑。

防护栏杆高度不应小于1.05m，离楼面或屋面0.1m高度内不应留空。有儿童活动场所的栏杆应采用不易攀登构造，垂直杆件净距不应大于0.11m。

2．建筑设计防火规范

防火间距的要求：

一、二级耐火建筑之间的防火间距不应小于6m，与三、四级耐火建筑的防火间距分别为7m和9m。

两栋建筑较高一面为防火墙时，防火间距不限；较低一面为防火墙，屋顶不设天窗且耐火极限≤1h，防火间距可不低于3.5m。

数座成组布置的6层以下住宅，总占地面积≥2500m²时，组内建筑间距可不低于4m。

耐火等级、层数、长度、面积的要求：

一、二级耐火等级的建筑防火分区最大允许长度为150m，每层最大允许建筑面积2500m²，层数不限（多层范围内），但托幼的儿童用房不应设在四层及四层以上。

设自动灭火设备时，每层最大允许建筑面积可扩大一倍。防火分区应采用防火墙分隔，如有困难，可用防火卷帘和水幕分隔。

上下层连通时（如走马廊、自动扶梯开口）应作为一个防火分区计算。

中庭空间中如相连空间开口部位设防火门窗并装有水幕以及封闭的屋盖装有自动排烟设施时，可不受上条限制。

地下及半地下室防火分区面积不大于500m²。

安全疏散出口要求：

公共建筑和通廊式居住建筑安全出口数不应少于2个。

9层及9层以下的塔式住宅，每层建筑面积不大于500m²可设一个楼梯。单元式宿舍每层建筑面积不大于300m²，人数不超过30人可设一个楼梯。

超过6层的单元住宅和宿舍，各单元楼梯均应通至屋顶（户门用乙级防火门时不限）。

观众厅安全出口不应少于2个，且每个安全出口的平均疏散人数不应超过250人。

地下、半地下室每个防火分区安全出口不应少于2个。多个防火分区时,可利用防火墙上通往相邻分区的防火门作为第二安全出口,但每个防火分区必须有一个直通室外的安全出口。

病房楼、有空调系统的多层旅馆和超过5层的其他公共建筑的室内疏散楼梯均应设置封闭楼梯间(包括底层扩大封闭楼梯间)。

疏散距离要求(一、二级耐火、封闭楼梯间):

双向疏散时:托幼25m,医疗、学校35m,其他40m。

袋形走道时:托幼、医疗20m,学校、其他22m。

开敞外廊时增加5m,设自动喷淋时加25%。

非封闭楼梯间时,双向疏散减5m,袋形走道减2m。

楼梯底层应设直接对外的出口。层数不超过4层时,可将对外出口布置在离楼梯间不超过15m处。

任何情况下,房间最远点到房门的距离不应超过袋形走道时的规定最大疏散距离。

疏散宽度要求:

人员密集场所观众厅内疏散走道宽度按通过人数0.6m/100人计算,最小净宽1m,边走道不宜小于0.8m。

各类民用建筑底层疏散外门、楼梯、走道的各自总宽度应按规范规定的疏散宽度指标计算确定。楼梯按每层人数计算总宽,底层外门按最大层人数计总宽。

疏散走道和楼梯的最小宽度不应小于1.1m;不超过6层的单元式住宅中一边设栏杆的疏散楼梯最小宽度可为1.0m。

人员密集场所观众厅疏散门不应设门槛。宽度不应小于1.4m,紧靠门口1.4m范围内不应设踏步。门必须外开。室外疏散小巷宽≮3m。

疏散楼梯要求:

封闭楼梯间内墙上,除在同层开设通向公共走道的疏散门外,不应开设其他房间的门窗。

室外疏散梯倾角≯60,净宽≮0.8m,应采用非燃烧材料制作。耐火极限:平台1h,梯0.25h。楼梯周围2m墙上除疏散门外不应设其他门窗洞口。疏散门不应正对梯段。

疏散用楼梯和通道上的阶梯不应采用螺旋楼梯和扇形踏步,但踏步上下两级所形成平面角度不超过10°,且每级离扶手0.25m处的踏步深度超过0.22m时可不受此限。

疏散门要求:

疏散门应向疏散方向开启。当人数≯60人,且每樘门平均疏散人数不超过30人时不受此限。

疏散门不应采用侧拉门(库房除外),严禁采用转门。

3．高层建筑防火规范

高层建筑内的歌舞娱乐放映游艺场所,应设在首层或二、三层;宜靠外墙设置,不应布置在袋形走道的两侧或尽端。

托幼、游乐厅等儿童活动场所不应设置在高层建筑内,当必须设在高层建筑内时,应设置在三层以下,并应设置单独出入口。

高层主体底部至少有一长边或1/4周长不应布置高5m以上、深4m以上的裙房,且在此范围内必须设有直通室外的楼梯或直通楼梯间的出口。

高层主体之间不应小于13m,主体与附属建筑之间不应小于9m,附属建筑之间仍按"普规"为6m。相邻建筑外墙为防火墙时可减少间距的规定同"普规",但3.5m改为4m。

高层建筑周围应设环形消防车道,有困难时至少沿两长边设置。消防车道靠建筑物一侧不应布置妨碍登高消防车辆操作的绿化、架空管线等。消防车道宽度不应小于4m，距高层建筑外墙宜大于5m。

安全疏散出口要求：

每个防火分区的安全出口不应少于2个，但符合下列条件的住宅除外：

● 18层及其以下，每层不超过8户，建筑面积≥650m²，且有一座防烟楼梯和消防电梯的塔式住宅；

● 每单元有一座疏散梯，且从第十层起每层相邻单元设有连通阳台或回廊的单元式住宅；

● 除地下室外的相邻两防火分区面积之和不超过规定的一个防火分区面积的1.4倍时，其间防火墙上的连通防火门可作为第二安全出口。

高层塔式建筑设剪刀楼梯时，应设为防烟楼梯间，并分别设置前室。塔式住宅确有困难时可共用前室，但两座楼梯应分别设加压送风系统。

高层住宅的户门不应直接开向前室，确有困难时可有部分户门开向前室，但须采用乙级防火门。商住楼中住宅的疏散楼梯应独立设置。

安全出口应分散布置，两个安全出口之间的距离不应小于5.00m。

安全疏散距离：

● 一般建筑双向疏散时40m，袋形走道时20m；

● 教学楼、旅馆、展览建筑减至30m和15m；

● 医院病房部分更减至24m和12m；

● 建筑物内人员集中的大厅(观众厅、展厅、多功能厅、餐厅、营业厅、阅览室等)内任一点到最近疏散口的直线距离不宜超过30m，其他房间内最远一点到房门不宜超过15m。

房间设一扇门的条件：双向疏散时不超过60m²；走道尽端不超过75m²，门净宽不小于1.4m。

疏散宽度计算：

● 每100人宽度不小于1m，底层外门按人数最多一层计；

● 外门及走道的最小宽度：门：住宅1.1m，医院1.3m，其他1.2m；走道：单面走道比外门大0.1m；双面走道比外门大0.2m。

对消防电梯的规定：

下列建筑应设消防电梯：一类建筑、塔式住宅、12层及其以上的单元式和通廊式住宅、32m以上其他二类建筑。

消防电梯台数：按主体最大楼层建筑面积计

≤1500m²时 一台；

≤4500m²时 二台；

>4500m²时 三台；

可与客梯或工作梯兼用。

消防电梯设置要求：

* 应设不小于 6m²前室（住宅可不小于4.5m²），与防烟楼梯间合用时不应小于10m²（住宅可不小于6m²），设乙级防火门；

● 底层应设直通室外出口或经过长度≥30m的通道通向室外；

● 机房、井道与其他相邻电梯井、机房之间用防火分隔；

● 电梯内设电话及消防队专用操纵按钮，电梯井底应设排水设施。

4．汽车库、修车库、停车场设计防火规范

总平面布局和平面布置：

●汽车库不应与托儿所、幼儿园、养老院组合建造；当病房楼与汽车库有完全的防火分隔时，病房楼的地下可设置汽车库；

●地下停车库内不应设置修理车位、喷漆间、充电间、乙炔间和甲、乙类物品贮存室。

一、二级汽车库之间以及车库与一、二级民用建筑之间的防火间距不应小于10m。

停车场的汽车宜分组停放，每组停车的数量不宜超过50辆，组与组之间的防火间距不应小于6m。

对安全疏散的规定：

汽车库人员安全出口与汽车疏散出口应分开设置。

每个防火分区人员安全出口不少于2个，但同一时间的人数不超过25人以及Ⅳ类汽车库可只设一个。室内疏散楼梯应封闭，梯段宽不小于1.1m。地下车库疏散距离不大于45m，自动喷淋时不大于60m；底层车库疏散距离不大于60m。

汽车疏散口不少于2个，但Ⅳ类汽车库、设双车道的瓜类地上汽车库以及停车数少于100辆的地下汽车库可设一个。

汽车疏散坡道宽度≤4m，双车道不宜<7m。

两个汽车疏散口间距≤10m，毗邻设置时用防火隔墙隔开。

50辆以上的停车场，汽车疏散出口不应少于2个。

汽车库的车道应满足一次出车的要求。小汽车停放间距：车与车、车与墙 0.5m，车与柱 0.3m。

5．无障碍设计规范

公共建筑与高层、中高层居住建筑入口设台阶时，必须设轮椅坡道和扶手；无障碍入口和轮椅通行平台应设雨棚。

供轮椅通行的坡道应设计成直线形、直角形或折返形，不宜设计成弧形；坡道两侧应设扶手，坡道与休息平台的扶手应保持连贯；坡道坡度和宽度符合以下要求：

●有台阶的建筑入口：最大坡度1：12；最小宽度≥1.2m。

●只设坡道的建筑入口：最大坡度1：20；最小宽度≥1.5m。

●室内走道：最大坡度1：12；最小宽度≥1.0m。

●室外通路：最大坡度1：20；最小宽度≥1.5m。

●困难地段：最大坡度1：10-1：8；最小宽度≥1.2m。

乘轮椅者通行的走道和通路最小宽度要求：

●大型公共建筑走道：最小宽度≥1.80m。

●中小型公共建筑走道：最小宽度≥1.50m。

●检票口、结算口轮椅通道：最小宽度≥0.90m。

●居住建筑走廊：最小宽度≥1.20m。

●建筑基地人行通路：最小宽度≥1.50m。

●门扇向走道内开启时应设凹室，四室面积不应小于1.30m×0.90m。

在旋转门一侧应另设残疾人使用的门，轮椅通行门的净宽≥1.00m。

应采用有休息平台的直线形梯段和台阶；不应采用无休息平台的楼梯和弧形楼梯。

坡道、台阶及楼梯两侧应设高0.85m的扶手；设两层扶手时，下层扶手高应为0.65m。

在公共建筑中配备电梯时，必须设无障碍电梯。

6. 住宅设计规范

住宅层数划分的规定：低层1～3层，多层4～6层，中高层7～9层（应设电梯），高层10层及以上（执行高层民用建筑设计防火规范）。

住宅楼梯平台净宽≥1.2m，平台下净空≥2.0m。人口处地坪与室外地坪高差不应小于0.1m。

7层及7层以上住宅或最高住户人口楼面距室外设计地面高度超过16m的住宅必须设置电梯。当中间层有直通室外的出口并有消防通道时，层数由该中间层算起。顶层有跃层时作1层计。

12层及12层以上住宅应设有不少于2台的电梯，其中一台宜能容纳担架。当住宅电梯非每层设站时，不设站的层数不应超过两层。塔式和通廊式高层住宅电梯宜成组集中布置。单元式高层住宅每单元只设一部电梯时，应采用联系廊联通。候梯厅深度不应小于最大轿厢的深度，且不得小于1.5m。

住宅出入口位于阳台、外廊和开敞楼梯平台下部时，应采取设置雨篷等防止物体坠落伤人的安全措施。出入口应有识别标志；可按户设置信报箱。高层住宅的公共出入口应设门厅、管理室及信报间。设置电梯的住宅公共出入口，当室内外有高差时，应设轮椅坡道和扶手。

住宅不宜设置垃圾管道。多层住宅不设垃圾管道时，应根据垃圾收集方式设置相应设施。中高层及高层住宅不设垃圾管道时，每层应设置封闭的垃圾收集空间。

套内空间设计的原理：

住宅应按套型设计。每套必须独门独户，并应有卧室、起居室（厅）、厨房和卫生间等基本空间。住宅套型分一至四类，其使用面积：（不包括阳台、）分别不小于34m2、45m2、56m2、68m2。

卧室之间不应穿越，卧室应直接采光和自然通风；平面形状及尺寸应尽可能有利于床位的布置；门窗位置要考虑对家具布置的影响，双人卧室不小于10m2，单人卧室不小于6m2，兼起居的卧室不小于12m2。

起居室（厅）应有直接采光和自然通风，使用面积不应小于12m2；厅室内布置家具的墙面直线长度应大于3m。无直接采光的厅，面积不应大于10m2。

厨房面积，一、二类住宅不小于4m2，三、四类住宅不小于5m2。厨房应有直接采光和自然通风，应设置洗涤池、案台、炉灶及排油烟机等设施或预留位置，设备布置要符合操作流程，操作面净长不应小于2.1m。单面布置设备时厨房净宽不小于1.5m，双面布置时两排设备净距不小于0.9m。

每套住宅应设卫生间，四类住宅宜设两个或两个以上卫生间。每套住宅至少应配置三件卫生洁具。卫生间面积，三件洁具时不小于3m2，二件洁具时不小于2～2.5m2，单设便器时不小于1.1m2，无前室的卫生间的门不应直接开向起居室（厅）或厨房。套内应设置洗衣机的位置。

每套住宅应有贮藏空间。（新规范没有强调每套住宅应有贮藏空间，意在使设计能有更大的灵活性）

套内使用面积计算规定：套内使用面积包括户门内所有厅室、走道、厨房、卫生间、贮藏室、壁柜等使用空间的面积，不包括烟道、风道、管井面积以及墙体保温层所占面积。跃层住宅的套内楼梯按自然层数的使用面积总和计。利用坡屋顶空间时，净高低于1.2m处不计面积；净高1.2～2.1m处计一半面积；净高超过2.1m处全部计入使用面积。

住宅设计技术经济指标计算规定：外墙外保温住宅建筑面积按保温层外表面计。套型建筑面积等于套内使用面积除以标准层的使用面积系数。阳台面积按结构地板净投影面积单独计算，不计入套内使用面积或建筑面积内。

二、透视图模版

附图-1 透视图模版1(A2)（王巧莉绘制）

附图-2 透视图模版2(A4)（李娟绘制）

附图-3 透视图模版3（陆宇绘制）

附图-4 透视图模版4（韩曼绘制）

附图-5 透视图模版5（李静绘制）

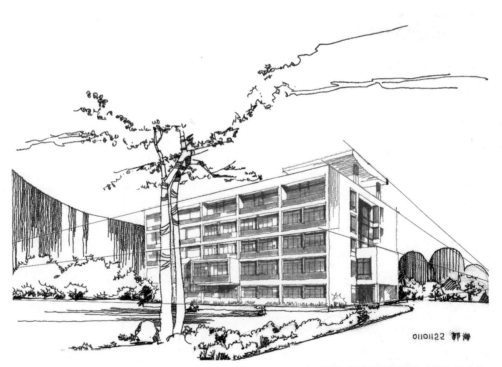

附图-6 透视图模版6（韩海绘制）

附图-7 透视图模版7（范久江绘制）

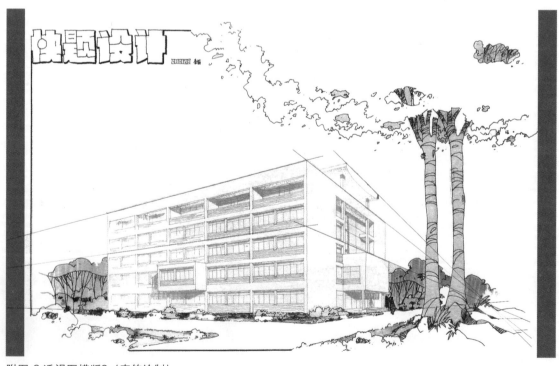

附图-8 透视图模版8（秦笛绘制）

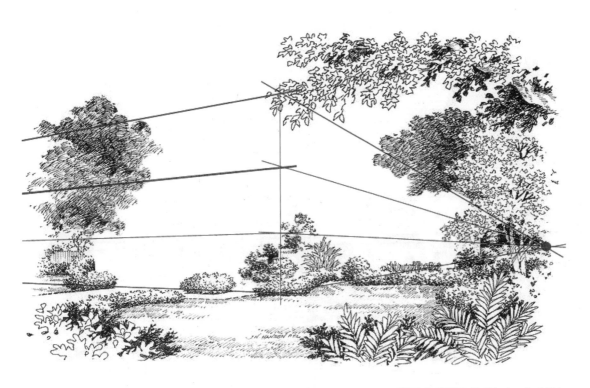

附图-9 透视图模版9（一点透视）

附图-10 透视图模版10

三、图名、字体模版

（一）图名模版：

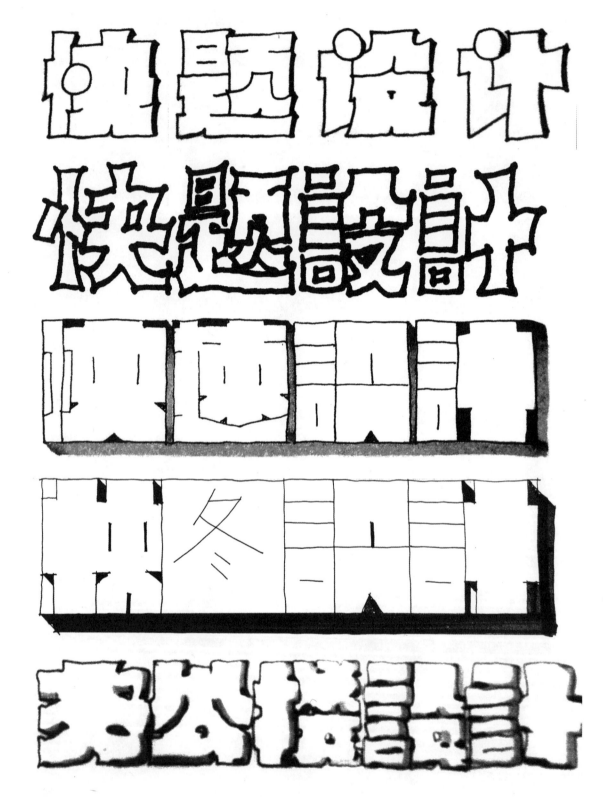

（二）仿宋体字模版：

北 入口 上 下

1:50 1:100 1:200 1:300 1:500 1:1000

1:50 1:100 1:200 1:300 1:500 1:1000

地下一层 入口 首层平面图

一 二 三 四 五 六 七 八 九 十 顶层

总平面图 立面图 ⅠⅡⅢ剖面图

交通 功能 流线 绿化分析图

透视图 效果图 轴测图 鸟瞰图

设计说明 技术经济指标

参考文献

北京市建筑设计研究院，建筑专业技术措施。北京：中国建筑工业出版社，2006

孙科峰、王轩远、张天臻，建筑设计快速设计与表现。北京：中国建筑工业出版社，2005

鲁英灿，快速设计专题讲座提纲。哈尔滨工业大学建筑学院， www.AITOP.com，2005

余成晨，建筑快速设计设计应试和技巧研究。上海：同济大学出版社，2005

致谢

在书稿完成之际，要感谢中国建筑设计研究院、东南大学、北京建筑工程学院各位同志以及郑祺、黄非、柳金圆、徐琦等同志的无私支持和帮助，若没有你们积极地出谋划策和提供资料，本书不可能这么快完成。

感谢中国建筑工业出版社的唐旭编辑，若没有她的积极推动，本书可能还在酝酿之中。

向本书中所有附图的作者表示深深的谢意！